全国高等学校计算机教育研究会"十四五"规划教材

全国高等学校
计算机教育研究会
"十四五"
系列教材

丛书主编 郑 莉

数据智能

数据处理与管理实践

胡文心 / 主编　俞　琨 / 副主编

清华大学出版社
北京

内 容 简 介

本书以数据智能和数据思维为核心，围绕数据的全生命周期管理概念，详细介绍了基于 Excel 的数据处理、数据分析与可视化方法与实践，以及数据管理和数据库实践。

全书分为理论和实验两部分，内容由浅入深，语言通俗易懂，案例贴近学生生活和学习真实场景，既体现了数据科学的技术热点，又兼顾了案例的生动性和趣味性，适合全国高等学校各专业作为"新文科"建设背景下的数据科学通识课教材使用，也可作为大数据、智能数据处理相关专业的专业教材或参考教材。

图书在版编目（CIP）数据

数据智能：数据处理与管理实践/胡文心主编. —北京：清华大学出版社，2023.8（2024.8 重印）
全国高等学校计算机教育研究会"十四五"系列教材
ISBN 978-7-302-64092-9

Ⅰ.①数… Ⅱ.①胡… Ⅲ.①数据处理－高等学校－教材 Ⅳ.①TP274

中国国家版本馆 CIP 数据核字（2023）第 130499 号

责任编辑：谢 琛 薛 阳
封面设计：傅瑞学
责任校对：韩天竹
责任印制：沈 露

出版发行：清华大学出版社
　　　　网　　　址：https://www.tup.com.cn，https://www.wqxuetang.com
　　　　地　　　址：北京清华大学学研大厦 A 座　　　　邮　　编：100084
　　　　社 总 机：010-83470000　　　　　　　　　　　邮　　购：010-62786544
　　　　投稿与读者服务：010-62776969，c-service@tup.tsinghua.edu.cn
　　　　质量反馈：010-62772015，zhiliang@tup.tsinghua.edu.cn
　　　　课件下载：https://www.tup.com.cn，010-83470236
印 装 者：三河市龙大印装有限公司
经　　销：全国新华书店
开　　本：185mm×260mm　　　　印　　张：13　　　　字　　数：317 千字
版　　次：2023 年 8 月第 1 版　　　　　　　　　　　　印　　次：2024 年 8 月第 2 次印刷
定　　价：48.00 元

产品编号：099386-01

丛书序

教材在教学中具有非常重要的作用。一本优秀的教材,应该承载课程的知识体系、教学内容、教学思想和教学设计,应该是课程教学的基本参考,是学生学习知识、理论和思想方法的主要依据。在教育数字化的大背景下,教材更是教学内容组织、教学资源建设、教学模式设计与考核环节设计的依据和主线。

教师讲好一门课,尤其是基础课,必须要有好教材;学生学习也需要好教材。

好教材要让教师觉得好教。好教可不是"水",不是少讲点、讲浅一点。一门课的教材要使教师的教学能够达到这门课在专业人才培养计划中的任务,内容应该达到要求的深度和广度,应具有一定的挑战性。教材的知识体系结构科学,讲述逻辑清晰合理,案例丰富恰当,语言精炼、深入浅出,配套资源符合教学要求,就可以给教师的教学提供很好的助力,教师就会觉得这本书好教。

好教材要让学生觉得好学,学生需要什么样的教材呢? 在各个学校普遍采用混合式教学模式的大环境下,学生参与各个教学活动时,需要自己脑子里有一条主线,知道每个教学活动对建立整门课知识体系的作用;知道学习的相关内容在知识体系中的位置,这些都要通过教材来实现。学生复习时还需要以教材为主线,贯穿自己在各个教学活动中学到的内容,认真阅读教材,达到对知识的融会贯通。能实现学生的这些需求,学生就会觉得这本书好学。

教材要好教、好学,做到内容详尽、博大精深,语言深入浅出、容易阅读,才能满足师生的需要。

为了加强课程建设、教材建设,培育一批高质量的教材,提高教学质量,全国高等学校计算机教育研究会(以下简称"研究会")于2021年6月与清华大学出版社联合启动了"十四五"规划教材建设项目。这套丛书就是"十四五"规划教材建设项目的成果,丛书的特点如下。

(1) 准确把握社会主义核心价值观,融入课程思政元素,教育学生爱党、爱国。

(2) 由课程的主讲老师负责组织编写。

(3) 体现学校办学定位和专业特色,注重知识传授与能力培养相统一。

（4）注重教材内容的前沿性与时代性，体现教学方法的先进性，承载了可供同类课程借鉴共享的经验、成果和模式。

这套教材从选题立项到编写过程，都是由研究会组织专家组层层把关。研究会委托清研教材工作室（研究会与清华大学出版社联合教材工作室）对"十四五"规划教材进行管理，立项时严格遴选，编写过程中通过交流研讨、专家咨询等形式进行过程管理与质量控制，出版前再次召开专家审查会严格审查。

计算机专业人才的培养不仅仅关系计算机领域的科技发展，而且关系所有领域的科技发展，因为计算机技术已经与各个学科深度融合，计算机技术是所有领域都必不可少的技术。本套教材承载着研究会对计算机教育的责任与使命，承载着作者们在计算机教育领域的经验、智慧、教学思想、教学设计。希望这套教材能够成为高等学校师生们计算机课程教学的有力支撑，成为自学计算机课程的读者们的良师益友。

丛书主编：郑莉

2023 年 2 月

序

当今世界正经历着一轮新的科技革新和产业变革,技术的革新让人们生活更便利的同时,也对我们每个人提出了要求,即具备更强的计算素养和数字素养。无论是理科、工科还是人文社科的研究和实践,新的数据分析和挖掘的工具都成为得力的助手,数据智能的时代下传统的研究范式已不能完全胜任,尤其是对人文社科领域更是如此,信息技术与人文社会科学的融合成为新文科发展的必然趋势,具备数据思维与编程思维的人文社科人才也成为新时代人才培养的必然需求。

参加该教材编写的团队与我有过多年的合作,让我钦佩的是他们能这么多年始终深耕在大学计算机基础教育这个非热门领域,并针对新技术出现带来的人才培养需求的变化,在计算机教学与教材改革方面不断探索。此次在新文科重磅启动与义务教育信息科技新课标发布的双重推动下,以"全面提升文科学生的计算机素养与数字化能力"为目标,作者编写了《数据智能——数据处理与管理实践》和《数据智能——Python 数据分析与可视化》这两册教材,深入浅出地讲解了如何运用基本的数据分析与可视化工具及方法,引导学生应用数据科学方法和编程思维进行交叉学科科研探索,帮助学生学会采用数字化工具和编程语言来分析和解决问题,进而提升科研创新的能力。

该书面向的读者是人文社科的学生,长久以来,文科和理科学习的内容差异还是非常大的,计算思维和编程思维在文科学生的培养和实践中少见被关注,然而时代发展带来的变化是巨大的,在阅读该书前,还是有必要了解技术发展对新文科的研究范式到底产生什么样的影响以及数据思维对新文科开展科学研究的价值。

研究范式是进行科学研究时所遵循的模式与框架,几千年前,人们主要通过记录来描述自然现象,那时候是实验科学,也即第一范式;几百年前,人们学会了使用模型或归纳法进行科学研究,那时候是理论科学,也即第二范式;几十年前,人们学会了用计算机模拟复杂的现象,那时候是计算科学,也即第三范式;进入 21 世纪以来,信息技术推动我们步入大数据时代,数据正在成为我们最重要的资源和资产。图灵奖得主、关系数据库的鼻祖吉姆·格雷(Jim Gray)在 2007 年提出了科学研究的第四范式——数据密集型科学发现。信息技术的发展不仅为人文社科业界学界提供了全样本数据,而且需要对全样本数据进行分析和处理,第四范式带来的科研方式变革和人类思维方式的转变,即通过海量数据来了解我们所在的世界、解惑新出现的问题,以及长久以来困扰我们的老问题,这为人文社科的研究提供了全新的工具,推动了新文科的蓬勃发展。

采用数据范式开展新文科的科学研究者,必须具备数据思维。数据思维一直是人类的思维方式之一,伴随着人类的生产生活。早在古时候,人们就会创造一些理论和模型来"解释"通过数据发现的"结论",并在此基础上做进一步的预测和分析,如古时候的天象学、二十四节气等。数据思维强调的是数据对物理世界的反映,基于数据本身解决问题,是在科学研究中利用数据发现和解决问题的思维方式与必备技能。在科技与人文融合的视角下,运用数据思维能够帮助我们从全量数据分析中建立模型并求解人类社会问题,促进跨学科的交叉融合,有利于人文社会科学的创新发展、自我认知的提升和新文科建设。

该书面向的读者是人文社科的学生,特别是那些有意愿学会使用科学的定量方法来帮助更透彻看清本质、帮助思考的学生。在这个新的大数据时代下,我们拥有了更密集的海量数据,其中孕育了很多信息有待我们去观察和发现,对于文科学生而言,就需要能突破学科壁垒,采用新的研究范式与思维方式,将文科的定性方法与定量方法相统一。新时代的人文社科人才应具有古今贯通、中西融汇和文理结合的学术视野与知识结构,具有成熟的数据思维与编程思维,为人文关怀赋能科技智慧,而这也是该书希望达到的目的。

贺樑

华东师范大学计算机科学技术学院副院长

国家科技创新 2030 新一代人工智能重大项目管理专家组成员

2023 年 5 月

FOREWORD

前言

随着互联网、云计算和大数据的蓬勃发展,信息技术得到了极大的普及与应用,在人文社科领域,定量研究越来越受到普遍重视。2014 年,得克萨斯大学的艺术史学家 Maximilian Schich 在 *Science* 上发表了 *Quantitative social science. A network framework of cultural history*,他带领团队收集了两千多年以来历史上 15 万西方文化名人的迁徙信息,通过数据分析与计算研究文化史的网络框架;美国杂志撰稿作家 Ben Blatt 出版了 *Nabokov's Favorite Word Is Mauve* 一书,他用统计学的方法,梳理了 19 世纪末到 21 世纪初 1500 部经典著作,拆解出优秀作品的写作规律;近年来,我国多家科研机构建设了面向人文社科研究的数据平台,为人文社科研究范式的创新与转型提供数据支撑。

2020 年 11 月,教育部发布《新文科建设宣言》,重磅启动"新文科"建设。在人文社科领域,应用数据思维和数据科学方法进行科研探索,已成为必然趋势。新文科建设与人才培养要求针对人文社科领域的科研应用需求,结合文科专业学生特点,融入现代信息技术赋能文科教育。因此,面向新文科学生的素养养成,应该建设以数据思维为核心的教材体系,促进数据驱动的新文科研究范式发展,涵盖数据、大数据、数据管理、数据分析、数据可视化、数字化学习与创作等关键学科知识,培养学生应用数字化工具解决问题,全面提升学生的计算机素养、数字化胜任力和进行交叉学科科研创新的关键能力。

本教材致力于深化新文科大学计算机教学改革,培养具有形象思维、数据思维和编程思维的新文科人才,能够在数字化时代更好地开展人文社科领域的数字化学习与创新训练。

本教材以及与之对应的课程目标如下。

- 了解计算思维和数据思维,理解数据和大数据的基本概念,理解数据处理的过程和方法。
- 能够针对实际问题,利用 Excel 进行数据处理、数据分析与可视化。
- 了解常用的数据管理方式,理解数据库及关系数据库的基本概念。
- 能够根据实际需求,利用 MySQL 数据库管理系统对数据进行管理。
- 培养学生应用数据科学方法和数据思维进行交叉学科科研探索,形成较强的形象思维、逻辑思维、批判性思维和创造性思维。

本教材分为理论与实验两部分。理论部分涵盖基本概念、数据处理、数据分析与可视化、数据管理基础、数据库实践及综合应用;实验部分针对各个章节的理论学习,开展数据处理、数据分析与可视化、数据库及数据表的基本操作、数据查询等实验。理论部分的各章简要介绍如下。

第1章　数据及数据思维概述　介绍计算思维、数据思维、认识数据以及大数据的基本概念,使读者了解数据科学基本概念。

第2章　Excel数据处理　从数据表应用、数据处理应用以及数据管理与统计的方法三个方面,介绍Excel数据类型,工作表创建及格式化,利用公式与函数对数据进行处理与分析,以及排序、筛选、分类汇总表、数据透视表等常用的数据管理与统计工具。通过不同场景实例的学习,读者将掌握数据处理的基本方法和技巧。

第3章　Excel数据分析与数据可视化　围绕数据分析与数据可视化的方法,通过解决实际问题,介绍了模拟运算表、单变量求解、移动平均、指数平滑、回归分析等数据分析方法,多种图表的可视化方法以及可视化看板的制作。通过本章的学习,读者能够掌握数据分析的基础知识以及常用的数据分析方法,并实现数据可视化。

第4章　数据管理基础　介绍数据管理与数据库以及关系数据库的基本概念和原理,使读者了解常用的数据管理方式,掌握数据库的基本概念。

第5章　数据库实践　以MySQL数据库管理系统为例,详细介绍数据库的创建,数据表的设计、创建、更新与查询方法,以及数据库安全管理,通过大量实例的学习,读者能够掌握数据库管理数据的基本方法和操作。

第6章　调查问卷的设计与数据处理　通过实际生活中的问卷调查表案例,详细介绍了调查问卷的构成、调查问卷的设计、问卷数据的录入、数据的统计分析方法以及问卷调查报告的书写,使读者掌握从问卷数据收集到问卷数据统计,以及最后完成调查报告的整个流程和方法。

本教材编写团队全部来自华东师范大学数据科学与工程学院,他们多年来始终致力于大学计算机基础教育及相关研究,密切结合信息技术发展及人才培养的需求,着眼于将智能信息技术与教育研究实践进行深度融合,在大学计算机公共课、基础教育改革等方面做出了众多的探索与实践。

本教材的编写始于2021年年初,经过两年的创作与不断完善最终完成。在此,感谢清华大学出版社和全国高等学校计算机教育研究会的支持,感谢为大学计算机基础教学贡献力量的各位老师,特别感谢参与教材编写与审核的各位老师:王肃、俞琨、胡文心、刘艳、蔡建华。由于时间仓促,书中疏漏及不足之处在所难免,敬请读者海涵并不吝指正。

作者

2023年5月

CONTENTS

目录

理 论 篇

实　验　篇

理 论 篇

数据及数据思维概述

本章概要

信息社会发展经历了从"计算机驱动"到"互联网驱动"再到"数据驱动"。随着移动通信、大数据、云计算和人工智能技术不断发展,人们的生活、工作和学习都与数字化息息相关。数字化改变着人们的日常行为方式,同时也深刻影响着人们的认知和思维。每个人都成为信息社会中的数字公民。计算思维和数据思维是数字公民必备的信息素养,能够帮助人们更好地探索(数字)世界、改造(数字)世界、在(数字)世界中不断进行创新。本章将学习什么是计算思维和数据思维,并理解数据和大数据的概念。

学习目标

通过本章的学习,要求达到以下目标。
(1) 了解计算思维。
(2) 了解数据思维。
(3) 理解数据及大数据的概念。

◆ 1.1 计 算 思 维

1.1.1 计算思维概述

2006 年 3 月,卡内基·梅隆大学计算机科学系主任周以真(Jeannette M. Wing)教授在计算机权威期刊 *Communications of the ACM* 上首次提出了"计算思维"(Computational Thinking)。她认为计算思维是运用计算机科学的基础概念进行问题求解、系统设计,以及人类行为理解等涵盖计算机科学之广度的一系列思维活动。2011 年,周以真教授进一步提出计算思维包括算法、分解、抽象、概括和调试五个基本要素。简单地说,计算思维就是用计算机科学的方法去解决问题的思维过程。

计算思维是人类求解问题的重要手段,其本质是抽象和自动化。从计算机科学的角度来看,计算思维把一个问题构造成一个模型(或算法),用计算机能理解的语言编写程序,实现该模型(或算法),再让计算机自动执行程序,输出结果并解决问题。但是,计算思维并不是让人像计算机一样机械运转,也不是只能通过计算机来实现。计算思维可以不通过计算机,不需要具备任何编程基础,只需要具备一定的逻辑思维和抽象思维。下面通过警察与小偷的谜题来体验一下计算思维。警察局抓了 A,B,C,D,E 五名偷窃嫌疑犯,其中只有一人是小偷,他们当中有三个人说的是真话,其他两个人说的是谎话。审讯记录如下。

A:D 是小偷。

B:我是无辜的。

C:E 不是小偷。

D:A 说的全是谎话。

E:B 说的是真话。

根据以上的审讯记录,你能判断出谁是小偷吗?

通过逻辑推理,你可能很快就判断出谁是小偷。那么,计算机是如何判断的呢? 可以运用计算思维,将问题进行抽象表示,并建立模型来实现,步骤如下。

(1) 问题抽象:用变量 x 表示小偷,五名嫌疑犯分别表示为 a,b,c,d,e,将审讯记录进行抽象表示如下。

A:$x = d$

B:$x \neq b$

C:$x \neq e$

D:$x \neq d$

E:$x \neq b$

(2) 建立计算模型(算法):依次假设 A,B,C,D,E 是小偷,再根据审讯记录判断每个人说的是真话还是谎话,如表 1-1 所示,T 表示真话,F 表示假话。根据表可知,只有当 E 是小偷时,满足三个人说的是真话,其他两个人说的是谎话。因此,E 是小偷。

表 1-1　审讯记录

假　　设	A	B	C	D	E
A 是小偷(x＝a)	F	T	T	T	T
B 是小偷(x＝b)	F	F	T	T	F
C 是小偷(x＝c)	F	T	T	T	T
D 是小偷(x＝d)	T	T	T	F	T
E 是小偷(x＝e)	F	T	F	T	T

通过计算机编程语言将以上的算法用程序实现,通过程序的自动执行,就可以输出 E 是小偷的结果。

计算思维在人们的工作、学习和生活中处处可见。即使你从事的不是计算机专业的工作,计算思维也是非常重要的。例如,如何做出一顿美味的晚餐? 如何计划一次快乐的旅行? 如何设计交通方案避免早晚高峰的堵车? 如何利用大数据进行疫情防控? 在信息社会中,计算思维正在帮助人们解决越来越多的问题。

常见的计算思维方法有分解问题、模式识别、抽象化和算法,如图 1-1 所示。

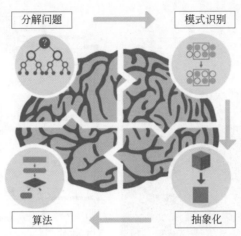

图 1-1　计算思维方法

(1) 分解问题：将复杂的问题拆解成若干个小问题，通过解决小问题从而解决复杂的问题，使问题变得更加简单。例如，你和小伙伴想在假期有一次快乐的旅行，但是说走就走的旅行并不是那么容易，因此需要做出一个旅行计划。制订旅行计划是一个复杂的问题，可以把它分解成若干个小问题：确定旅行目的地和时间，做攻略安排行程，预订车票和酒店，准备哪些行李等。其中，做攻略安排行程又是一个较复杂的问题，所以还可以再继续分解：去哪些景点，行程和路线，交通方式，当地美食等。在强大的互联网和各种旅游 App 的帮助下，把这些小问题一一击破，旅行计划就制订好了。

(2) 模式识别：寻找到事物之间的共同特点，利用这些相同的规律去解决问题。当把复杂的问题分解为小问题时，经常会在小问题中找到模式，这些模式在小问题当中有相似点。例如，在设计洗衣机时，根据不同材质衣物的用水量、洗涤时间、洗涤剂用量、转速、旋转模式等，找到共同点，为洗衣机设置多种洗涤模式，如轻柔模式是专门为精细质地的衣物设置的洗衣程序，大概用时半个小时，用水量较多，这种模式不仅可以更好地保护衣物，而且省时省电。这种设计方法就体现了模式识别的思想。

(3) 抽象化：把重要的信息提炼出来，去除次要信息。例如，建筑师绘制的户型图就是该房子的抽象表示，如图 1-2 所示。在计算思维中，需要将物理世界抽象表示为计算世界，包括问题抽象、数据抽象和系统抽象。例如，一个快递员要给 6 个小区送快递，从快递营业点出发，每个小区只能去一次，最后返回快递营业点，那么快递员如何选择路线图才能保证所走的总路程最短？该问题可以抽象成一个图模型，如图 1-3 所示，快递营业点和小区用顶点表示，分别为 V0、V1、V2、V3、V4、V5 和 V6，图的起点和终点都为 V0，道路用两点之间的连接线表示，连接线旁边的数值表示该道路的长度(单位：km)，这样就将快递员送快递问题抽象为一个在图模型中找到一条最短路径的问题，可以应用最短路径算法求解。

(4) 算法：为解决问题而制定的一系列步骤和过程。例如，在警察和小偷的谜题中，运用的就是穷举算法，即把所有的假设可能性都进行判断，从而得出结果。

计算思维是一种全新的、适用于未来社会发展的思维方式，广泛应用于日常生活和各行

(a) 建筑物

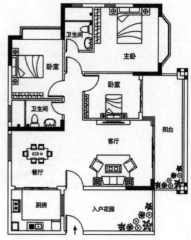
(b) 抽象图

图 1-2　建筑物及抽象图

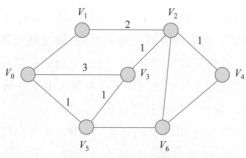

图 1-3　送快递抽象图

各业中。计算思维可以帮助我们发现问题,从多个角度解决复杂问题,甚至提出新问题,是信息社会中数字公民必备的信息素养。

1.1.2　习题与实践

1. 选择题

(1) 不属于计算思维的主要特征有(　　)。

　　A. 计算思维是人类求解问题的途径,是人的思维方式,不是计算机的思维方式

　　B. 计算思维必须通过计算机来实现

　　C. 计算思维是数学和工程思维的互补与融合

　　D. 计算思维应面向所有人所有领域

(2) 计算思维的本质是抽象和(　　)。

　　A. 归纳　　　　　　　B. 分析　　　　　　　C. 推理　　　　　　　D. 自动化

2. 简答题

(1) 简述计算思维是什么。

(2) 举例说明常用的计算思维有哪些。

◇ 1.2　数据思维

1.2.1　数据思维概述

从实时交通导航、个性化购物推荐,到预测流感爆发和天体运行轨迹,这些问题的解决都是以大量的数据为基础。从数据中挖掘出价值,并为人们提供服务,这就需要应用数据思维。数据思维是人们利用数据认识并构建模型,并通过数据探索解决问题的思维过程。通过数据思维,人们可以在数字世界里用工具去探索和认识物理世界,发现其规律,构建机器学习模型,发现物理世界的本质或预测物理世界的变化趋势。

数据思维一直是人类的思维方式之一,伴随着人类的生产生活。早在古时候,人们就会创造一些理论和模型来"解释"通过数据发现的"结论",并在此基础上做进一步的预测和分析,例如,古时候的天象学、二十四节气等。数据思维在信息社会中更是得到了广泛应用,例如,统计分析和数据挖掘都是数据思维的体现。

数据思维与计算思维相比具有明显的不同点。计算思维强调的是计算过程,而数据思维强调的是数据对物理世界的反映,基于数据本身解决问题。因此,在解决问题时会先收集数据,然后再分析和探索数据,从而找到解决问题的方法。举个例子,在《倚天屠龙记》中,张无忌到底最爱谁,是赵敏? 还是周芷若? 或者是小昭? 殷离? 每个人的答案可能不太一样。那么,如何应用数据思维来回答这个问题呢? 有人已经通过文本数据分析方法得到了答案。首先,把小说的主要人物和他们的称谓提取出来。接下来,以自然段为分析单位,从人物出场频次、出场时间、亲密程度(女性人物与张无忌出现在同一自然段中的次数)等不同角度进行分析。以日久见真情为依据,通过数据分析出张无忌与赵敏亲密接触的机会最多,那么他最爱的很可能是赵敏。

在信息社会中,数据思维的培养具有非常重要的意义。

(1) 数据思维可以让我们对数据具有极度的敏感,更容易发现数据的本质。当看到某个数据或者图表时都会马上思考这个数据的来源是什么? 数据是否真实可靠? 数据是否有异常? 数据或图表表达了什么意思? 通过思考这些问题,更容易了解数据的本质和其反映的物理世界。例如,图 1-4 中的某在线购物平台用户行为数据表中,第 2 条数据的用户 id (user_id)是空值,第 9 条数据的年龄(age)是 199,这两个数据都是异常数据,需要进行异常值处理。图 1-5 展示的是 2017 年全国各省份降水量词云图,从图中可以看出,我国南部地区降水量多,而西北及北部地区降水较少,降水最多的省份是江西,最少的地区是新疆。

Id	user_id	age	gender	item_id	behavior_type	item_category	time	Province
1	68786611	52	1	326973863	1	10576	2014/12/22	四川
2		27	1	285259775	1	4076	2014/12/8	福建
3	125611298	16	1	4368907	1	5503	2014/12/31	重庆市
4	80542247	54	1	4368907	1	5503	2014/12/12	吉林
5	125574663	22		53616768	1	9762	2014/12/2	湖北
6	64772406	62	0	151466952	1	5232	2014/12/12	新疆
7	15818895	18	1	53616768	4	9762	2014/12/12	台湾
8	15818895	18	1	53616768	4	9762	2014/12/2	台湾
9	133773960	199		298397524	1	10894	2014/12/12	河南
10	125204052	46	0	32104252	1	6513	2014/12/12	广东
11	157079107	44	0	323339743	1	10894	2014/12/12	吉林

图 1-4　某在线购物平台用户行为数据

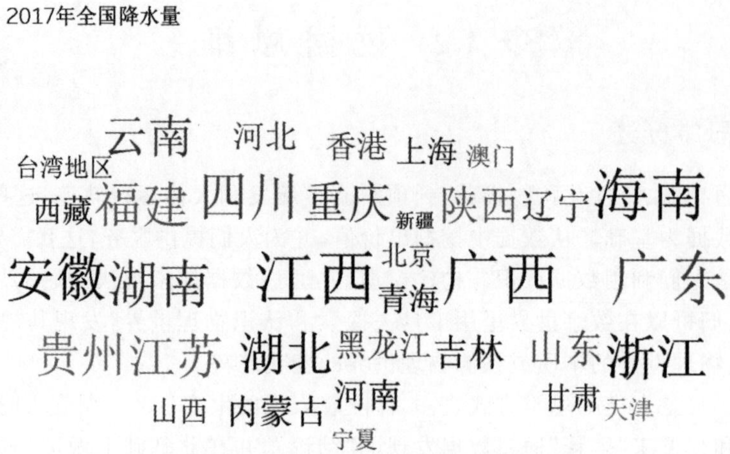

2017年全国降水量

图 1-5　2017 年全国降水量词云图

（2）数据思维能够让我们不被数据表面所欺骗。很多时候表面的数据具有欺骗性，而我们经常会被数据的表面所欺骗，看不到数据统计时有多种角度。事实上，从不同的角度看同一组数据，会有不同的结论。例如，某公司 2020 年的平均年薪是 40 万元，那是不是说明了该公司大部分员工的年薪是 40 万元呢？

（3）数据思维能够从数据中挖掘价值，让数据创造价值，为决策提供支持。

数据本身具有价值，但是数据内部隐藏着更大的价值，被称为"未来的石油"。随着移动通信和物联网技术的发展，计算机和各种智能设备随时随地在产生、记录并处理着大量的数据。但是，拥有数据不等于有能力利用好它们，面对海量的数据，想让它们更好地为我们提供决策支持，就必须知道如何去挖掘数据中的价值，这就需要数据思维。例如，在线购物网站的个性化推荐可以分析用户的属性数据和购买行为数据，生成用户画像，为每个用户提供个性化的购买推荐并发放消费红包，让用户更容易找到想买的商品，并能够激活更多潜在的用户消费，从而提高商品销量，创造更多的利润。

由此可见，数据思维在信息社会中发挥着越来越重要的作用。常见的数据思维方法包括数据对比分析、数据趋势分析、分类分析、回归分析、数据可视化等。这些方法在本书后续章节都会进行详细讲解。

1.2.2　习题与实践

1. 选择题

（1）（　　　）是关于数据认知的一套思维模型。

　　A. 逻辑思维　　　　B. 计算思维　　　　C. 数据思维　　　　D. 编程思维

（2）以下不是数据思维方法的是（　　　）。

　　A. 统计分析　　　　B. 回归分析　　　　C. 趋势分析　　　　D. 定量分析

2. 简答题

（1）简述数据思维和计算思维的相同点和不同点。

（2）举例说明生活和学习中哪些应用体现了数据思维。

◆ 1.3　认　识　数　据

1.3.1　什么是数据

　　"数据"（Data）这个词在拉丁文里是"已知"的意思,也可以理解为"事实"。数据用于描述客观事物,是对现实世界客观事物进行记录并可以鉴别的符号。例如,天气预报数据描述了天气信息,体检中的血粘度数据描述了体检者的各个血粘度指标,如图 1-6 和图 1-7所示。

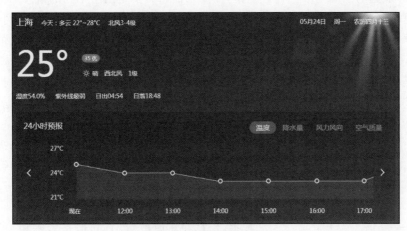

图 1-6　天气预报数据

检验项目：血粘度					历史检查结果	
分析项目	结果	参考值	单位	标志	2019-04检查结果	2018-09检查结果
全血粘度（低切）	20.92	13.79-20.56	MPa.s	↑	15.14	19.39
全血粘度（5低切）	10.13	6.73-9.53	MPa.s	↑	7.30	8.86
全血粘度（50中切）	5.23	3.8-5.15	MPa.s	↑	4.18	4.79
全血粘度（高切）	4.36	3.25-4.32	MPa.s	↑	3.58	4.02
血浆粘度	1.41	1.25-1.75	MPa.s		1.29	1.46
红细胞压积	0.39	0.35-0.45	L/L		0.40	0.41
血沉	9.00	0.00-20.00	mm/h		4.00	1.00
全血高切相对指数	3.09	1.86-3.46			2.78	2.76
全血低切相对指数	14.84	7.88-16.45			11.76	13.28
血沉方程K值	26.76	0.00-80.48			12.65	3.32
红细胞聚集指数	4.80	3.19-6.33			4.22	4.82
全血低切还原粘度	50.41	26.76-55.17	MPa.s		34.62	43.73
全血高切还原粘度	7.62	3.33-8.77	MPa.s		5.74	6.25
红细胞变形指数TK	0.94	0.49-1.12			0.84	0.81
红细胞刚性指数	5.41	1.90-7.02			4.46	4.28

图 1-7　血粘度数据

　　在计算机系统中,数据是所有输入计算机,并能够被计算机识别、存储和处理的符号,用二进制表示和存储。数据的表现形式多样,除了数值和文字外,还有声音、图形、图像、视频、动画等形式。例如,互联网上的任何内容（包括文字、图片、音频、视频等）、医院里的医学影像档案、公司的各种设计图纸、交通系统中的监控视频,甚至是人类的活动本身（如行为轨迹、访问记录等）都是数据。

数据作为一种社会和经济发展的新能源,被广泛地应用于社会的方方面面,只有合理地使用数据才能体现数据的价值。例如,导航系统利用实时路况数据和导航数据为人们出行提供快速准确的出行方案;企业利用商品数据、销售数据和客户数据制定更有效的市场营销方案,创造更多的企业利润;政府部门利用疫情数据、电子病历数据、人们出行数据、通信数据等进行全面的疫情监测和防控。

1.3.2 数据、信息和知识的区别和联系

在信息社会,人们常常会把数据和信息的概念混同起来,例如,人们在谈论数据处理和信息处理时,表达的意思基本一样。但是,数据和信息其实是两个不同的概念。

数据是客观存在的,是信息和知识的载体。数据并不能表达具体的含义,例如,我们并不知道数据 120 和 25 的具体意义。数据需要经过解释和说明,才能变成有意义的信息。例如,某件商品的价格是 120 元,上海某天的最低气温是 25℃,这些就是信息。

知识是对信息进一步处理和提炼后形成的,是一类更高级、更抽象,而且有普遍适应性的信息。例如,中国古人通过观测天象,观察记录天体运行的数据,再对这些数据进行统计,依据太阳在回归黄道上的位置变化,把太阳周年运动轨迹划分为 24 等份,每 15°为 1 等份,

图 1-8 数据、信息、知识关系图

每 1 等份为一个节气,始于立春,终于大寒,这就是二十四节气。二十四节气是人们认识时令、气候、物候等方面变化规律的知识体系,这些都是通过对数据进行分析,提取出信息,再对信息进行进一步加工后形成的。

数据、信息和知识虽然不同,但是紧密相关。数据、信息和知识可以看作是对客观事物感知的三个不同阶段。数据是对事物属性的客观记录;信息是经过加工处理,有结构的数据;知识是经过人类思维整理、提炼后的信息,如图 1-8

所示。例如,通过测量星球的位置和对应的时间得到数据;通过这些数据得到星球运行的轨迹,这就是信息;通过信息总结出开普勒三大定律,这就是知识。

1.3.3 习题与实践

1. 填空题

(1) _____是用于表示客观事物的未经加工的原始素材。

(2) _____是信息经过加工提炼后形成的抽象产物。

(3) _____是一种已经被加工为特定形式的数据。

2. 选择题

(1) 数据是信息的( )。

    A. 预测形式   B. 加工形式   C. 表现形式   D. 存储形式

(2) ( )是对现实世界客观事物的特征抽象化(符号化)。

    A. 数据   B. 信息   C. 知识   D. 程序

(3) 知识、信息与数据三者之间的抽象程度是( )。

    A. 一样   B. 越来越低   C. 越来越高   D. 先低后高

(4) 数据、信息与知识三者之间的变化趋势是( )。

　　A. 价值先增后减　　　B. 价值递增　　　　C. 价值递减　　　　D. 价值不变

3. 简答题

举例说明数据、信息和知识三者之间的联系和区别。

◇ 1.4　大数据的基本概念

　　半个世纪以来,随着计算机技术全面融入社会生活,信息爆炸已经积累到了一个开始引发变革的程度。它不仅使世界充斥着比以往更多的信息,而且其增长速度也在加快。互联网(社交、搜索、电商)、移动互联网(微博)、物联网(传感器、智慧地球)、车联网、GPS、医学影像、安全监控、金融(银行、股市、保险)、电信(通话、短信)都在不断地产生着新数据。因此,在大数据时代,各个行业、每个个体都是数据的创造者,又都是数据的获益者。根据计算,2006 年个人用户才刚刚迈进 TB 时代,全球新增约 180EB 数据;到 2011 年,这个数字就达到了 1.8ZB;国际数据公司 IDC 预测,至 2025 年人类的大数据量将达到 163ZB。这些数据蕴含着丰富的知识和价值,将成为推动人类进步的巨大发展机遇。要把机遇转变为现实,需要具有数据思维和数据素养的人才。

　　图灵奖得主、关系数据库鼻祖詹姆士·格雷(James Gray)提出,大数据不仅是一种工具和技术,更是一种思维方式,是继实验归纳、模型推演、仿真模拟之后发展和分离出来的一个独特的科学研究范式。

1.4.1　大数据的发展

　　通常认为,1944 年,Wesleyan 大学的图书馆员弗里蒙特·莱德(Fremont Rider)在其专著 *The Scholar and the Future of Research Library* 中首次提出了类似于术语"大数据"的思想;而 ACM Digital Library 的数据显示,1997 年,迈克尔·考克斯(Michael Cox)和大卫·埃尔斯沃思(David Ellsworth)第一个在学术论文中使用术语"大数据(Big Data)",论文题目为 *Application-controlled demand paging for out-of-core visualization*。

　　从 2008 年开始,*Nature* 和 *Science* 等国际顶级学术刊物相继出版专刊来探讨对大数据的研究。2008 年,*Nature* 出版专刊 *Big Data*,从互联网技术、网络经济学、超级计算、环境科学、生物医药等多个方面介绍了海量数据带来的挑战。

　　最早提出"大数据时代已经到来"的机构是全球知名咨询公司麦肯锡。2011 年,麦肯锡在题为《海量数据,创新、竞争和提高生成率的下一个新领域》的研究报告中指出,数据已经渗透到每一个行业和业务职能领域,逐渐成为重要的生产因素。该报告对"大数据"的影响、关键技术和应用领域等都进行了详尽的分析,这份报告得到金融界的高度重视,而后受到了各个行业的关注。

　　2012 年,联合国发表大数据政务白皮书《大数据促发展:挑战与机遇》;EMC、IBM、Oracle 等跨国 IT 巨头纷纷发布大数据战略及产品;几乎所有世界级的互联网企业,都将业务触角延伸至大数据产业;无论社交平台逐鹿、电商价格大战还是门户网站竞争,都有它的影子;多国政府先后启动"大数据"相关的研究计划,将大数据上升到国家战略层面。2013 年,大数据正由技术热词变成一股社会浪潮,将影响社会生活的方方面面。

1.4.2   大数据的定义

目前,业界对大数据还没有一个公认的完整定义。以下介绍两个典型的代表性定义。研究机构 Gartner 给大数据做出了这样的定义——大数据是需要新处理模式才能具有更强的决策力、洞察发现力和流程化能力来适应海量、高增长率和多样化的信息资产。麦肯锡全球研究所对"大数据"的定义是————一种规模大到在获取、存储、管理、分析方面大大超出了传统数据库软件工具能力范围的数据集合。

大数据的英文是"big data",为什么大数据使用"big data"而不是"large data"呢?在大数据的概念被提出之前,有很多关于大量数据方面的研究,在这些研究领域里面的很多文献中,往往采用 large 或者 vast(海量)这样的英文单词,而不是 big。例如,数据库领域著名的国际会议 VLDB(Very Large Data Bases),用的就是 large。那么,big、large 和 vast 这三者之间到底有些什么差别呢? large 和 vast 主要体现为程度上的差别,后者可以看成是 very large 的意思。而 big 和它们的区别在于,big 更强调的是相对意义上的大,而非具体尺寸上的大。因此,如果仔细推敲 big data 的说法,就会发现这种提法还是非常准确的,它传递出来的最重要信息就是大数据是一种抽象的大。这是一种思维方式上的转变。现在的数据量比过去"大"了很多,量变带来质变,思维方式、方法论都应该与以往不同。所以,关于大数据的一个常见定义就显得很有道理了:"Big Data is data that is too large, complex and dynamic for any conventional data tools to capture, store, manage and analyze."从这个定义可以看出,这里的"大"就是一个相对概念,相对于传统数据工具无法捕获、存储、管理和分析的数据。再例如,在有大数据之前,计算机并不能很好地解决人工智能中的诸多问题,但如果换个思路,利用大数据,某些领域的难题(例如围棋)就可以得到突破性的解决了,其核心问题最终都变成了数据问题。

1.4.3   大数据的特征

数据科学家维克托迈尔·舍恩伯格和肯尼斯克耶编写的《大数据时代》中提出,大数据的 4V 特征:规模性(Volume)、高速性(Velocity)、多样性(Variety)、价值性(Value)。定义如图 1-9 所示。规模性是指在大数据时代,数据不再以几个 GB 或几个 TB 为单位来衡量,而是以 PB、EB 或 ZB 为计量单位;数据的增长速度和处理速度是大数据高速性的重要体现;大数据的多样性主要体现在数据来源多、数据类型多和数据之间关联性强这三个方面;

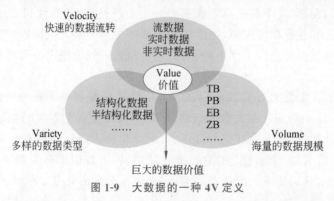

图 1-9   大数据的一种 4V 定义

价值性是指大数据中有价值的数据所占比例很小,同时大数据又蕴含着巨大的数据价值。

大数据本质的特征包括以下四点。

(1) 完备性:全面性,全局数据。

(2) 多维度:特征维度多。

(3) 关联性:数据间的关联性。

(4) 不确定性:数据的真实性难以确定,噪声干扰严重。

1. 完备性

大数据的完备性,或者说全面性,代表了大数据的另外一个本质特征,而且在很多问题场景下是非常有效的。例如,Google 的机器翻译系统就是利用了大数据的完备性。它通过数据学到了不同语言之间长句子成分的对应,然后直接把一种语言翻译成另一种语言。前提条件就是使用的数据必须比较全面地覆盖中文、英文,以及其他各种语言的所有句子,然后通过机器学习,获得两种语言之间各种说法的翻译方法,也就是说,具备两种语言之间翻译的完备性。目前,Google 是互联网数据的最大拥有者,随着人类活动与互联网的密不可分,Google 所能积累的大数据将会越来越完备,它的机器翻译系统也会越来越准确。

通常,数据的完备性往往难以获得,但是在大数据时代,至少在获得局部数据的完备性上,还是越来越有可能的。利用局部完备性,也可以有效地解决不少问题。

2. 多维度

数据的多维度往往代表了一个事物的多种属性,很多时候也代表了人们看待一个事物的不同角度,这是大数据的本质特征之一。

例如,百度曾经发布过一个有趣的统计结果:中国十大"吃货"省市排行榜。百度在没有做任何问卷调查和深入研究的情况下,只是从"百度知道"的 7700 万条与吃有关的问题中,挖掘出一些结论,反而比很多的学术研究更能反映问题。百度了解的数据维度很多,不仅涉及食物的做法、吃法、成分、营养价值、价格、问题来源地、时间等显性维度,而且还藏着很多别人不太注意的隐含信息,例如,提问或回答者的终端设备、浏览器类型等。虽然这些信息看上去"杂乱无章",但实际上正是这些杂乱无章的数据将原本看似无关的维度联系起来了。经过对这些信息的挖掘、加工和整理,就能得到很有意义的统计规律。而且,从这些信息中能够挖掘出的信息,远比想象中的要多。

3. 关联性

大数据研究不同于传统的逻辑推理研究,它是对数量巨大的数据做统计性的搜索、比较、聚类、分类等分析归纳,因此继承了统计科学的一些特点。统计学关注数据的关联性或相关性,"关联性"是指两个或两个以上变量的取值之间存在某种规律性。"相关分析"的目的则是找出数据集里隐藏的相互关系网,一般用支持度、可信度、兴趣度等参数反映相关性。两个数据 A 和 B 有相关性,只能反映 A 和 B 在取值时相互有影响,并不是一定存在有 A 就一定有 B,或者反过来有 B 就一定有 A 的情况。严格地讲,统计学无法检验逻辑上的因果关系。例如,根据统计结果,可以说"吸烟的人群肺癌发病率会比不吸烟的人群高几倍",但统计结果无法得出"吸烟致癌"的逻辑结论。统计学的相关性有时可能会产生把结果当成原因的错觉。例如,统计结果表明,下雨之前常见到燕子低飞,从时间先后看两者的关系可能得出燕子低飞是下雨的原因,而事实上,将要下雨才是燕子低飞的原因。

在大数据时代,数据之间的相关性在某种程度上取代了原来的因果关系,让我们可以从大量的数据中直接找到答案,即使不知道原因,这就是大数据的本质特征之一。

4. 不确定性

大数据的不确定性最根本的原因是我们所处的这个世界是不确定的,当然也有技术的不成熟、人为的失误等因素。总之,大数据往往不准确并充满噪声。即便如此,由于大数据具有体量大、维度多、关联性强等特征,使得大数据相对于传统数据有着很大的优势,使得我们能够用不确定的眼光看待世界,再用信息来消除这种不确定性。当然,提高大数据的质量,消除大数据的噪声是开发和利用大数据的一个永恒话题。

大数据的其他一些特征,主要包括以下几点。

(1) 类型多:结构化、半结构化和非结构化。

(2) 来源广:数据来源广泛。

(3) 积累久:长期积累与存储。

(4) 在线性:随时能调用和计算。

(5) 价值密度低:大量数据中真正有价值的少。

(6) 最终价值大:最终带来的价值大。

1.4.4　习题与实践

(1) 大数据的两个典型的代表性定义分别是什么?

(2) 简述大数据的完备性、多维度、关联性、不确定性,并举例说明。

第 2 章

Excel 数据处理

本章概要

Excel 提供了强大的数据处理功能,在初步掌握了电子表格软件的基本操作之后,可以使用函数公式或者分析工具来求解复杂问题。本章主要学习数据处理的常用方法。

学习目标

通过本章的学习,要求达到以下目标。

(1)熟练应用电子表格处理技术。

(2)掌握利用 Excel 高级函数进行数据分析的方法。

(3)掌握利用分类汇总和数据透视表进行数据管理与统计的方法。

◆ 2.1 数据表应用

2.1.1 数据类型

计算机可以处理各种数据,不同的数据需要定义不同的数据类型。Excel 支持多种数据类型,本节主要介绍四种数据类型:数值型、字符型、日期和时间型、逻辑型数据。

1. 数值型数据

在 Excel 中,数值型数据包括 0~9 中的数字以及正号、负号、小数点、货币符号、百分号、乘幂字母 E 等符号的数据。数值型数据表现形式多样,如整数、小数、分数、货币、百分数、科学记数法等,如表 2-1 所示。默认情况下,数值型数据自动沿单元格右边对齐。需要注意一点,当数据在单元格中显示出"＃＃＃＃＃＃"时,可以适当增加单元格宽度,数据就会显示出来。

表 2-1　数值型数据

整数	小数	分数	百分比	货币	科学记数法
165	165.89	3/5	67％	￥123.4	1.35564E＋12
−165	−35.26	2　3/5	67.89％	$ 4.5	1.35564E−11

在输入过程中,需要注意负数和分数的输入。

(1) 负数：在数值前加一个"－"号或把数值放在括号里，都可以输入负数，例如，要在单元格中输入"－165"，可以输入"（）"英文小括号后，在其中输入"（165）"，然后就可以在单元格中出现"－165"。

(2) 分数：要在单元格中输入分数形式的数据，应先在编辑框中输入"0"和一个空格，然后再输入分数，否则 Excel 会把分数当作日期处理。例如，要在单元格中输入分数"3/5"，在编辑框中输入"0"和一个空格，然后接着输入"3/5"，按 Enter 键，单元格中就会出现分数"3/5"。

2. 字符型数据

在 Excel 中，字符型数据包括汉字、英文字母、空格等。默认情况下，字符数据自动沿单元格左边对齐。

字符型数据中有一种特殊数据，如邮政编码、电话号码、身份证号、银行卡号等，这种数据全部由数字组成，但并不是数值型数据，因为它们并不表示数值的大小，只是一种编号。为了避免 Excel 将各种编号按数值型数据处理，在输入时可以先输入一个半角单引号，再接着输入具体的数字。例如，要在单元格中输入某个编号 202101045080945621，正确的输入是'202101045080945621，此时单元格左上角会出现绿色三角标识 202101045080945621 ，数据为字符型数据。如果直接在单元格内输入 202101045080945621，那么单元格里显示 2.02101E＋17，实际数据为 202101045080945000。这是因为 Excel 将该数据自动识别为数值型数据，并且 Excel 能处理的最大数字精度是 15 位，超过 15 位的数字，超出部分会自动变成 0，所以该数据最后 3 位变为 0。

3. 日期和时间型数据

在 Excel 中，日期和时间型数据是一种特殊的数值型数据，一天对应整数 1，系统日期从 1900 年 1 月 1 日开始，到 9999 年 12 月 31 日为止。例如，2021 年 5 月 16 日对应于整数 44332。默认情况下，日期和时间型数据自动沿单元格右边对齐。在输入时，需要注意以下几点。

(1) 输入日期时，年、月、日之间要用"/"或"-"分隔，例如，2021-5-16、2021/5/16。

(2) 输入时间时，时、分、秒之间要用冒号隔开，例如，16:20:00。

(3) 若要在单元格中同时输入日期和时间，日期和时间之间应该用空格隔开，例如，2021-5-16 16:20:00。

4. 逻辑型数据

Excel 中的逻辑型数据只有两个值：真值和假值。真值表示为 TRUE 或 1 或其他非 0 值，假值表示为 FALSE 或 0。

2.1.2 工作表处理

1. 工作表基本操作

(1) 选择工作表。

选择工作表可以选择一个工作表、多个相邻或不相邻的工作表。

① 选择一个工作表：单击工作表标签，被选中的工作表标签显示为白色。

② 选择相邻的一组连续工作表：选中第一张工作表，同时按住 Shift 键，选中最后一张工作表。

③ 选择不相邻的多个工作表：选中第一张工作表，同时按住 Ctrl 键，再选中其他的工作表。

（2）插入工作表。

插入工作表有以下两种方法。

① 单击工作表标签区中"新工作表"按钮 ⊕（或按 Shift＋F11 组合键）。

② 在工作表标签区右击，从弹出的快捷菜单中选择"插入"命令。

（3）删除工作表。

右击需要删除的工作表标签，从弹出的快捷菜单中选择"删除"命令。

（4）重命名工作表。

重命名工作表有以下两种方法。

① 右击需要重命名的工作表标签，从弹出的快捷菜单中选择"重命名"命令，输入新的表名，按 Enter 键确认。

② 双击需要重命名的工作表标签，输入新的表名，按 Enter 键确认。

（5）隐藏、取消隐藏工作表。

右击需要隐藏的工作表标签，从弹出的快捷菜单中选择"隐藏"命令，该工作表隐藏不显示。右击任意工作表标签，从弹出的快捷菜单中选择"取消隐藏"命令。

（6）移动和复制工作表。

右击需要移动或复制的工作表标签，从弹出的快捷菜单中选择"移动或复制"命令，弹出"移动或复制工作表"对话框，如图 2-1 所示，选择目标工作簿、目标位置，如果复制工作表，还需要选择"建立副本"复选框。

（7）格式化工作表标签。

右击需要格式化的工作表标签，从弹出的快捷菜单中选择"工作表标签颜色"命令，将该工作表标签设置为选择的颜色。

图 2-1　移动或复制工作表

2. 工作表数据的输入和导入

（1）数据的输入。

选取需要输入数据的单元格，可以在单元格内输入数据，输入的数据会同时显示在单元格内和编辑栏中。数据输入的常用方法如下。

① 按 Enter 键可以跳转到同列的下一行单元格，按 Tab 键可以跳转到同行的下一列单元格。例如，选择 A1 单元格，输入"博物馆编号"；按 Tab 键在 A2 单元格中输入"博物馆名称"；按 Enter 键在 B2 单元格中输入"中国国家博物馆"，如图 2-2 所示。

② 在一个单元格内输入多行数据，如图 2-3 所示，单元格内换行按 Alt＋Enter 组合键。

③ 在多个单元格中输入相同的数据，可以先选择多个单元格，输入数据后，按 Ctrl＋Enter 组合键。

（2）数据的导入。

	A	B
1	博物馆编号	博物馆名称
2	001	中国国家博物馆
3	002	陕西历史博物馆

图 2-2 输入示例 1

	A
1	问题1： 三星堆遗址位于哪个省？

图 2-3 输入示例 2

例 2-1：创建 Excel 数据文件"各门店商品销量报表.xlsx"，将文本文件"商品销量数据.txt"中的数据导入到该文件中保存，并将数据所在的工作表命名为"4-6 月销量"。

解答：

图 2-4 空白工作簿

① 打开 Excel，单击"空白工作簿"按钮，如图 2-4 所示，新建一个 Excel 文件，执行"文件"→"保存"→"浏览"命令，将文件命名为"各门店商品销量报表.xlsx"保存。

② 执行"数据"→"获取外部数据"→"自文本"命令，根据文本导入向导的提示，选择"分隔符号"（用分隔字符分隔每个字段），分隔符号选择"Tab 键"和"空格"，将"销售日期"列和"条形码"列的格式设置为"文本"，其他列格式默认，如图 2-5 所示。数据导入工作表 Sheet1 中。

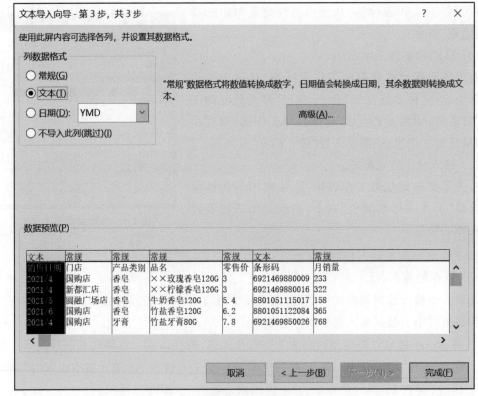

图 2-5 导入数据

③ 右击工作表名 Sheet1，在弹出的菜单中执行"重命名"命令，把工作表改名为"4-6 月销售"。

3. 单元格、行、列操作

（1）插入单元格、行、列。

选择单元格，选择"开始"选项卡"单元格"中的"插入"命令，进行插入单元格、插入工作表行、插入工作表列。在插入单元格时，可以选择插入单元格的位置。

① 活动单元格右移：在已选择的单元格左方插入一个单元格。

② 活动单元格下移：在已选择的单元格上方插入一个单元格。

③ 整行：在已选择的单元格上方插入一行，同插入工作表行操作。

④ 整列：在已选择的单元格左方插入一列，同插入工作表列操作。

（2）删除单元格、行、列以及清除单元格。

① 删除单元格：选择"开始"选项卡"单元格"中的"删除"命令，进行删除单元格、删除工作表行、删除工作表列。

② 清除单元格：选择"开始"选项卡"编辑"中的"清除"命令，进行清除格式、内容、批注以及全部清除。或者选中单元格，按 Delete 键执行全部清除。清除单元格只是删除单元格中的内容，而不删除单元格的位置。

（3）行高（列宽）调整。

调整行高（列宽）方法有以下三种。

① 移动鼠标到行号（列标）的分界线上，鼠标变成双向箭头，拖动鼠标可以手工调整到合适的行高（列宽）

② 选定目标行或列，单击"开始"→"单元格"组中的"格式"，选择"行高"或"列宽"，在打开的对话框中输入需要的行高（列宽）的值，再单击"确定"按钮即可。

③ 自动调整行高（列宽）：选定目标行或列，单击"开始"→"单元格"组中的"格式"，选择"自动调整行高"或"自动调整列宽"命令。

（4）隐藏或取消隐藏行或列。

隐藏行或列可以使用右键快捷菜单或者选项卡命令进行操作。

① 隐藏行或列：选择目标行或列，在右键快捷菜单中选择"隐藏"命令；或者单击"开始"→"单元格"组中的"格式"进行操作。

② 取消隐藏行或列：选择包含隐藏行的上下行或隐藏列的左右列，在右键快捷菜单中选择"取消隐藏"命令；或者单击"开始"→"单元格"组中的"格式"进行操作。

4. 移动、复制、粘贴及选择性粘贴数据

（1）移动或复制：选择单元格，执行"移动"命令（Ctrl＋X）或"复制"命令（Ctrl＋C），也可以单击"开始"选项卡"剪贴板"中的"剪切"或"复制"。

（2）粘贴：选择目标单元格，执行"粘贴"命令（Ctrl＋V），也可以单击"开始"选项卡"剪贴板"中的"粘贴"，将原单元格中的格式、内容及批注都移动或复制到目标单元格中。

（3）选择性粘贴：在粘贴单元格时，可以选择只复制单元格中的某一项，例如，只复制格式或只复制数值。右击目标单元格，选择"选择性粘贴"命令，根据需要选择粘贴项：全部、公式、数值、格式、批注等，如图 2-6 所示。注意：移动粘贴不可以进行选择性粘贴。

5. 批注操作

批注是给单元格添加的注释性文字，添加批注的单元格右上角显示红色三角。

（1）插入批注：右击单元格，选择"插入批注"命令，在批注框中输入批注内容。

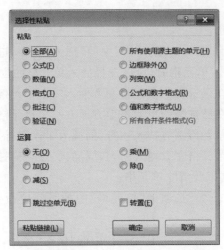

图 2-6　选择性粘贴

（2）编辑批注：右击单元格，选择"编辑批注"命令，修改批注内容。

（3）显示或隐藏批注：右击单元格，选择"显示/隐藏批注"命令，可以使批注显示在工作表中或隐藏不显示。

（4）删除批注：右击单元格，选择"删除批注"命令，删除批注。

（5）复制批注：复制批注单元格，在目标单元格选择粘贴批注。

（6）设置批注格式：在批注编辑状态下，右击批注框，选择"设置批注格式"命令，可以对批注的字体、对齐方式、批注框线条以及填充颜色进行设置。

例 2-2：打开例 2-1 中的"各门店商品销量报表.xlsx"，为 B4 单元格添加批注"旗舰店"，设置字体为蓝色、隶书、加粗、12 号，填充色为黄色，线条为红色，并将批注显示在工作表中，如图 2-7 所示。

	A	B	C	D	E	F	G
1	销售日期	门店	产品类别	品名	零售价	条形码	月销量
2	2021/4	国购店	香皂	××玫瑰香皂120G	3	6921469880009	233
3	2021/4	新都汇店	香皂	××柠檬香皂120G	3	6921469880016	322
4	2021/5	圆融广场店	香[旗舰店]	香皂120G	5.4	8801051115017	158
5	2021/6	国购店	香	香皂120G	6.2	8801051122084	365
6	2021/6	国购店	牙膏	竹盐牙膏80G	7.8	6921469850026	768
7	2021/4	新都汇店	牙膏	竹盐牙膏120G	10.5	6921469850019	369
8	2021/5	圆融广场店	牙膏	××佳爽牙膏120G	8.2	6921469840010	545
9	2021/6	国购店	牙膏	××傲酷牙膏120G	8.95	6921469840119	56
10	2021/4	国购店	牙刷	××超值前翘牙刷	4	6921469860025	876
11	2021/4	新都汇店	牙刷	××儿童牙刷	7.8	6921469860048	1122
12	2021/6	圆融广场店	牙刷	××柔细舒爽牙刷	10.2	6921469860001	896
13	2021/4	国购店	洗发水	××护色洗发水200G	16.3	6921469860003	455
14	2021/5	新都汇店	洗发水	××去屑洗发水200G	16.3	8801051144536	110
15	2021/6	圆融广场店	洗发水	××营润洗发水200G	16.3	8801051152036	778
16	2021/4	国购店	家庭清洁剂	××之星厨房450G	10	8801051264210	963
17	2021/4	新都汇店	家庭清洁剂	××之星卫浴450G	10	8801051264258	321
18	2021/6	圆融广场店	家庭清洁剂	××之星玻璃660ml	18	8801051267037	124
19	2021/4	国购店	其他	竹盐沐浴露150G	16.44	8801051124026	731
20	2021/5	圆融广场店	其他	竹盐洁面膏130G	22.5	8801051125009	1104

图 2-7　插入批注样张

解答：

① 右击 B4 单元格，选择"插入批注"命令，在批注框中输入"旗舰店"。

②　右击批注框,选择"设置批注格式"命令,在"字体"选项卡中设置字体为隶书、加粗、12 号、蓝色,在"颜色和线条"中设置填充色为黄色,线条颜色为红色。

③　右击 B4 单元格,选择"显示/隐藏批注"命令,将批注显示在工作表中。

6. 工作表格式设置

(1) 自动套用表格格式。

Excel 内置了许多可用于快速设置表格格式的预定义表格样式。单击"开始"→"样式"分组中的"套用表格格式",选择合适的格式进行设置,如图 2-8 所示。

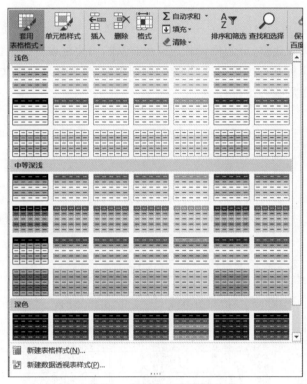

图 2-8　自动套用表格格式

(2) 单元格格式设置。

如果套用表格格式不能满足工作表的格式设置需求,可以利用单元格格式设置自定义表格样式。右击需要设置格式的单元格或单元格区域,选择"设置单元格格式"命令,打开单元格格式对话框,可以设置单元格格式。

①　对齐:打开"对齐"选项卡,设置水平对齐方式和垂直对齐方式,如果需要单元格中的数据在列宽不能完整显示时换行,可以勾选下方的"自动换行"复选框。

②　数字:打开"数字"选项卡,可以设置数字数值保留小数位数,货币、百分比、日期和时间等格式显示。

③　字体:打开"字体"选项卡,设置"字体""字形""字号""下画线""字色",还可以设置上标或下标。

④　边框:打开"边框"选项卡,自定义单元格的边框样式、颜色和出现的位置。

⑤　底纹填充:打开"填充"选项卡,自定义单元格的填充色。

例 2-3：打开"各门店商品销量报表.xlsx"，在工作表最上方插入新行，输入表格标题"4-6 月销售数据"，设置表格标题为华文新魏、20 磅、粗体、红色，在 A1:G1 区域中合并居中；按图 2-9 样张设置表格的填充色和边框线格式。

解答：

① 选中工作表第一行，右击，在菜单中选择"插入"命令，在工作表最上方插入新行，在 A1 单元格中输入 "4-6 月销售数据"。

② 选中 A1:G1 区域，单击"开始"→"对齐方式"中的"合并后居中"，设置标题字体格式。

③ 选中 A1:G21 单元格区域，右击，在菜单中选择"设置单元格格式"命令，在对话框中的"边框"选项卡中设置边框，外边框设置为蓝色、粗线，内边框设置为黑色、细线。

④ 选中 A1：G1 标题行区域，执行步骤③相同操作，设置标题行下边框为蓝色、双线；在"填充"选项卡中设置底纹为淡橙色。

（3）条件格式。

利用条件格式可以在分析数据时，为满足不同条件的数据设置不同的格式，更清晰地显示出需要查看的数据。例如，将计算机成绩低于 60 分的设置为红色；将前百分之十的销售量设置为蓝色底纹。

例 2-4：打开"各门店商品销量报表.xlsx"，设置零售价在 15 元以上（包括 15 元）的单元格底纹为黄色；设置月销量前三名的销量为红色，最后三名的销量为绿色，如图 2-9 所示样张。

	A	B	C	D	E	F	G
1				4-6月销售数据			
2	销售日期	门店	产品类别	品名	零售价	条形码	月销量
3	2021/4	国购店	香皂	××玫瑰香皂120G	3	6921469880009	233
4	2021/4	新都汇店	香皂	××柠檬香皂120G	3	6921469880016	322
5	2021/5	圆融广场店	香皂	竹盐香皂120G	5.4	8801051115017	158
6	2021/6	国购店	香皂	竹盐香皂120G	6.2	8801051122084	365
7	2021/4	国购店	牙膏	竹盐牙膏80G	7.8	6921469850002	768
8	2021/4	新都汇店	牙膏	竹盐牙膏120G	10.5	6921469850019	369
9	2021/5	圆融广场店	牙膏	××佳爽牙膏120G	8.2	6921469840010	545
10	2021/6	国购店	牙膏	××傲酷牙膏120G	8.95	6921469840119	56
11	2021/4	国购店	牙刷	××超值前翘牙刷	4	6921469860025	876
12	2021/5	新都汇店	牙刷	××儿童牙刷	7.8	6921469860048	1122
13	2021/6	圆融广场店	牙刷	××柔细舒爽牙刷	10.2	6921469860001	896
14	2021/4	国购店	洗发水	××护色洗发水200G	16.3	6921469860003	455
15	2021/5	新都汇店	洗发水	××去屑洗发水200G	16.3	8801051144530	110
16	2021/6	圆融广场店	洗发水	××营润洗发水200G	16.3	8801051152036	778
17	2021/4	国购店	家庭清洁剂	××之星厨房450G	10	8801051264210	963
18	2021/5	新都汇店	家庭清洁剂	××之星卫浴450G	10	8801051264258	321
19	2021/6	圆融广场店	家庭清洁剂	××之星玻璃660ml	18	8801051267037	124
20	2021/4	国购店	其他	竹盐沐浴露150G	16.44	8801051124026	731
21	2021/5	圆融广场店	其他	竹盐洁面膏130G	22.5	8801051125009	1104

图 2-9　各门店商品销量报表格式设置样张

解答：

① 选中 E3:E21 区域，单击"开始"→"样式"组中的"条件格式"，在下拉菜单中选择"突出显示单元格规则"→"其他规则"，弹出"新建格式规则"对话框，设置条件和格式如图 2-10 所示。

② 选中 G3:G21 区域，单击"开始"→"样式"组中的"条件格式"，在下拉菜单中选择"项目选取规则"→"其他规则"，弹出"新建格式规则"对话框，设置条件和格式如图 2-11 所示。

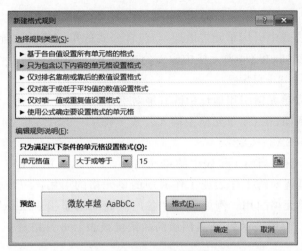

图 2-10　条件格式设置 1

图 2-11　条件格式设置 2

2.1.3　公式与函数基础

1. 公式与函数

在 Excel 中,可以通过公式和函数对数据进行处理。Excel 的公式必须以等号"="开头,由运算符和操作数组成。运算符可以是算术运算符、比较运算符、文本运算符和引用运算符,操作数可以是常量、单元格引用和函数等。

(1) 单元格引用。

单元格引用是指用单元格在工作表中的位置表示单元格。单元格的位置用单元格所在列标和行号表示,例如,B3、C5。Excel 单元格的引用包括绝对引用、相对引用和混合引用三种。在 Excel 中输入公式时,使用 F4 键,能对单元格的相对引用、绝对引用和混合引用进行切换。

① 相对引用:公式中引用单元格地址与放置结果的单元格地址之间会产生相对变化的一种引用方式。如果复制公式,公式中引用单元格地址会随着放置结果的单元格变化而发生相对改变。相对引用采用 A1 样式。例如,在 C4 单元格中输入公式"＝A1＋B2",将

C4 单元格复制到 D6,则 D6 中的公式为"=B3+C4"。

② 绝对引用:公式中引用单元格地址,与包含公式的单元格的位置无关。绝对引用采用的形式为\$A\$1。例如,在 C4 单元格中输入公式"=A1+\$B\$2",将 C4 单元格复制到 D6,则 D6 中的公式为"=B3+\$B\$2"。

③ 混合引用:在单元格引用地址中既有绝对引用,也有相对引用。混合引用采用的形式为 A\$1 或\$A1。例如,在 C4 单元格中输入公式"=\$A1+B\$2",将 C4 单元格复制到 D6,则 D6 中的公式为"=\$A3+C\$2"。

在 Excel 中除了引用当前工作表中的单元格外,还可以引用其他工作表或工作簿中的单元格。三维引用是指对跨工作表或工作簿中的单元格的引用。三维引用的形式为:[工作簿名]工作表名!单元格引用。例如,引用"各门店商品销量报表.xlsx"中"4-6 月销量"工作表中的 C7 单元格,引用表示为:[各门店商品销量报表]4-6 月销量!C7。

(2) 运算符。

运算符是公式中最主要的组成部分,包括算术运算符、比较运算符和连接运算符、引用运算符等。

① 算术运算符:进行数值运算,包括+、-、*(乘)、/(除)、%(百分号)、^(乘方)。

② 比较运算符:进行比较运算,包括=、>、<、>=、<=、<>(不等于)。

③ 连接运算符:连接多个字符串 &。例如,="张明"&","&"你好"结果为:张明,你好。

④ 引用运算符:三种引用运算符如表 2-2 所示。

表 2-2 引用运算符

名　称	运算符	说　明	示　例
区域运算符	:(冒号)	引用两个引用单元格之间所有的单元格	B5:C15,以 B5 为左上单元格,C15 为右下单元格的一个区域
联合运算符	,(逗号)	将多个引用合并为一个引用	=SUM(B2:B10,D2:D5),表示区域 B2:B10 和区域 D2:D5 所有单元格中的数值求和
交集运算符	空格	对两个引用共有的单元格的引用	=SUM(B7:D10,C6:C11),表示区域 B7:D10 和区域 C6:C11 的交叉(重叠)部分单元格,即为 C7:C10 单元格中的数值求和

运算符优先级从高到低如表 2-3 所示。

表 2-3 运算符优先级

优先级(高到低)	运　算　符	说　明
1	:(冒号)	引用
	空格	
	,(逗号)	
2	-	负号
3	%	百分比
4	^	乘方

续表

优先级（高到低）	运　算　符	说　　　明
5	*	乘
	/	除
6	＋	加
	－	减
7	&	文本连接
8	=	比较
	<	
	>	
	<=	
	>=	
	<>	

（3）常量。

常量是直接输入公式中的数值、文本、日期、时间或逻辑值，是不会变化的。例如，公式 ＝B2－10，数值 10 是常量，B2 是单元格引用，B2 单元格中的数值是可以变化的，而数值 10 是固定不变的。公式＝"评价："&A1，文本"评价："是常量，A1 是单元格引用。

（4）函数。

函数是 Excel 预先定义的公式，可以对一个或多个值执行运算，并返回一个或多个值。函数可以完成许多复杂的计算，简化和缩短公式的输入。

Excel 提供了功能强大的函数，单击工具栏上的 f_x 按钮，出现"插入函数"对话框，如图 2-12 所示，在"选择类别"下拉框中可以选择函数类别，该类别的函数出现在下方的列表框中，选择某一个函数，进行参数输入。

图 2-12　插入函数

除了使用插入函数工具,也可以直接在单元格中输入函数,按 Enter 键完成公式的输入,或在"编辑框"中输入函数,单击左侧的"√"完成输入。

常用的函数包括:求和函数 SUM,平均值函数 AVERAGE,计数函数 COUNT,最大值函数 MAX,最小值函数 MIN 和条件函数 IF,使用方法如表 2-4 所示。

表 2-4　常用函数

函　数	功　能	示　例
SUM	求和	=SUM(A1:A10)对 A1:A10 单元格中的值求和 =SUM(A1:A10,C1:C10)对 A1:10 以及 C1:C10 单元格中的值求和
AVERAGE	求平均值	=AVERAGE(A1:A10)对 A1:A10 单元格中的值求平均值
COUNT	统计个数	=COUNT(A1:A10)统计 A1:A10 单元格中的值的个数
MAX	求最大值	=MAX(A1:A10)求 A1:A10 单元格中的最大值
MIN	求最小值	=MIN(A1:A10)求 A1:A10 单元格中的最小值
IF	对第一个参数所表示的逻辑条件进行判断,如果条件为 True,返回第二个参数值,否则返回第三个参数值	=IF(C2>=60,"合格","不合格")如果 C2 单元格的值大于或等于 60,显示"合格",否则显示"不合格"

例 2-5:打开"商品销售统计.xlsx",使用公式或函数计算相应的数据填入表中,并为工作表进行格式设置,如图 2-13 所示样张。

	A	B	C	D	E	F	G	H	I	J	K	L	M
1	销售日期	门店	产品类别	品名	零售价	条形码	月销量	销售额	销量评级	调整后零售价		销售统计	
2	2021/4	国购店	香皂	××玫瑰香皂120G	3	6921469880009	233	¥699.00	低	3.45		商品总数	19
3	2021/4	新都汇店	香皂	××柠檬香皂120G	3	6921469880016	322	¥966.00	低	3.45		总销售额	¥114,831.64
4	2021/5	圆融广场店	香皂	牛奶香皂120G	5.4	8801051115017	158	¥853.20	低	6.21		平均销售额	¥6,043.77
5	2021/6	国购店	香皂	竹盐香皂120G	6.2	8801051122084	365	¥2,263.00	低	7.13		最高销售额	¥24,840.00
6	2021/4	国购店	牙膏	竹盐牙膏80G	7.8	6921469850026	768	¥5,990.40	中	8.97		最低销售额	¥501.20
7	2021/4	新都汇店	牙膏	竹盐牙膏120G	10.5	6921469850019	369	¥3,874.50	低	12.08			
8	2021/5	圆融广场店	牙膏	××佳爽牙膏120G	8.2	6921469840010	545	¥4,469.00	中	9.43			
9	2021/6	国购店	牙膏	××傲酷牙膏120G	8.95	6921469840119	56	¥501.20	低	10.29			
10	2021/4	国购店	牙刷	××超值前翘牙刷	4	6921469860025	876	¥3,504.00	中	4.60			
11	2021/5	新都汇店	牙刷	××儿童牙刷	7.8	6921469860048	1122	¥8,751.60	高	8.97			
12	2021/6	圆融广场店	牙刷	××柔细舒爽牙刷	10.2	6921469860001	896	¥9,139.20	中	11.73			
13	2021/4	国购店	洗发水	××护色洗发水200G	16.3	6921469860003	455	¥7,416.50	低	18.75			
14	2021/5	新都汇店	洗发水	××去屑洗发水200G	16.3	8801051144536	110	¥1,793.00	低	18.75			
15	2021/6	圆融广场店	洗发水	××莹润洗发水200G	16.3	8801051152036	778	¥12,681.40	中	18.75			
16	2021/6	国购店	家庭清洁剂	××之星厨房450G	10	8801051264210	963	¥9,630.00	中	11.50			
17	2021/5	新都汇店	家庭清洁剂	××之星卫浴450G	10	8801051264258	321	¥3,210.00	低	11.50			
18	2021/6	圆融广场店	家庭清洁剂	××之星玻璃660ml	18.7	8801051267037	124	¥2,232.00	低	20.70			
19	2021/4	国购店	其他	竹盐沐浴露150G	16.44	8801051124026	731	¥12,017.64	中	18.91			
20	2021/5	圆融广场店	其他	竹盐洁面膏130G	22.5	8801051125009	1104	¥24,840.00	高	25.88			

图 2-13　商品销售统计样张

解答:

① 选中 A1:J20,单击"开始"→"样式"→"套用表格格式",选择合适的格式进行设置(样张中的表格格式为"表样式浅色 13"),单击"表格工具"→"设计"→"工具/转换为区域",将表转换为普通区域,去除表标题行中的筛选项。

② 选中 L1:M6,设置单元格边框和底纹,边框和底纹的效果和颜色可以自定义。

③ 销售额计算:在 H2 单元格中输入=E2*G2,并将公式复制到 H3 到 H20 单元格;选中 H2:H20,右击,在"设置单元格格式"对话框"数字"选择卡中,选择"货币"分类,设置小数位数和货币符号如图 2-14 所示。

图 2-14　货币格式设置

④ 销量评级计算：销量 1000 及以上为高,500 以下为低,其余为中。在 I2 单元格中输入：＝IF(G2＞＝1000,"高",IF(G2＜500,"低","中"))，并将公式复制到 I3 到 I20 单元格。

⑤ 调整后零售价计算：在原来的零售价基础之上上涨一定的幅度(涨幅在 Sheet2 工作表中)。在 J2 单元格中输入：＝E2 * (1＋Sheet2! $B$1)，并将公式复制到 J3 到 J20 单元格。选中 J2:J20,在"设置单元格格式"对话框"数字"选择卡中,选择"数值"分类,设置小数位数为 2。注意：Sheet2 工作表中上涨幅度的单元格引用不会随着公式复制而改变,因此需要使用绝对引用。

⑥ 商品总数计算：在 M2 单元格中输入＝COUNT(E2:E20)。

⑦ 总销售额计算：在 M3 单元格中输入＝SUM(H2:H20)。

⑧ 平均销售额计算：在 M4 单元格中输入＝AVERAGE(H2:H20)。

⑨ 最高销售额计算：在 M5 单元格中输入＝MAX(H2:H20)。

⑩ 最低销售额计算：在 M6 单元格中输入＝MIN(H2:H20)。

2. 数组公式

数组是具有某种联系的多个元素的组合。例如,某班级里有 50 个学生,如果班级是数组,50 个学生就是数组里的 50 个元素。Excel 中的数组就是多个单元格数据的集合,表示为一个连续的区域,如 B1:D10。

数组公式是以数组为参数的公式,可以对一组数或多组数进行多重计算,并返回一个或多个结果。Excel 中有两种类型的数组公式：用于计算多个结果的数组公式(如例 2-6 中销售额计算)和执行多个计算以生成单个结果的数组公式(如例 2-6 中总销售额计算)。

数组公式的输入方式和普通公式不一样,首先必须选择用来存放结果的单元格区域(可以是一个单元格,也可以是区域),然后输入数组公式,输入完成后按 Ctrl＋Shift＋Enter 组合键锁定数组公式,Excel 将在公式两边自动加上花括号"{}"。

注意：不要自己输入花括号。如果要删除数组公式,也必须要选择存放数组公式的所有单元格,再按 Delete 键进行删除。

例 2-6：打开"商品销售统计.xlsx",复制 Sheet1 工作表,在新复制的工作表中使用数组公式重新计算销售额和总销售额。

① 复制工作表：右击 Sheet1,选择"移动或复制"命令,选择"移到最后"并选中"建立副本",复制一张新的工作表,双击工作表名,修改为 Sheet3。

② 销售额计算：删除原有销售额数据。选中 H2:H20,输入公式：＝SUM(E2:E20 ＊ G2:G20),按 Ctrl＋Shift＋Enter 组合键锁定数组公式,公式两边自动加上花括号"{}"。

③ 总销售额计算：删除原有总销售额数据。在 M3 单元格中输入：＝SUM(E2:E20 ＊ G2:G20),按 Ctrl＋Shift＋Enter 组合键锁定数组公式,公式两边自动加上花括号"{}"。

2.1.4 数据检验

1. 数据验证

利用数据验证可以对数据的录入添加一定的限制条件,当用户输入不符合规则的数据时,会显示提示或警告,以确保数据的正确性和有效性。例如,通过数据验证设置单元格只能输入整数、小数、序列、时间、日期等。数据验证主要包括有效性规则设置、输入信息设置以及出错警告设置,如图 2-15 所示。

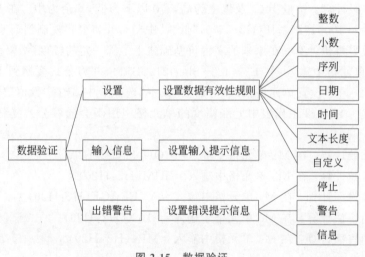

图 2-15 数据验证

(1) 整数、小数、日期、时间和文本长度。

这五项都可以设置数据输入类型和限制数据范围,即限制用户只能输入所规定范围内的整数、小数、日期、时间和文本长度。例如,输入身份证号码时,先将单元格格式改为文本(因为身份证号码属于字符型数据),然后在数据验证中限制其文本长度等于 18,如图 2-16 所示。如果输入的文本长度不是 18 位,则会显示出错警告信息,如图 2-17 所示。

注意：日期和时间范围的输入要符合日期和时间型数据的要求。年、月、日之间要用"/"或"-"分隔,例如,2021-5-16 或 2021/5/16。时、分、秒之间要用冒号隔开,例如,16:20:00。

(2) 序列。

序列用于创建下拉列表,例如,如图 2-18 所示的书名列表,单元格中只能选择下拉列表中的书名,不能输入其他内容。

图 2-16　文本长度数据验证

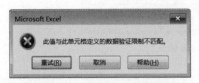

图 2-17　数据验证出错警告

图 2-18　序列建立下拉列表

（3）自定义。

自定义用于编写公式来限定单元格的输入规则。例如，为图 2-19 中的图书销售表中的数据设置禁止修改时，首先选中禁止修改的内容 A3：E7，然后在自定义数据验证中输入公式＝ISBLANK(A3：E7)。ISBLANK 函数是判断参数值是否为空值的函数，但是用在数据验证中可以防止修改已有内容。

	A	B	C	D	E
1	图书销售表				
2	书名	一季度销量	二季度销量	三季度销量	四季度销量
3	计算机网络	120	101	204	168
4	数据管理与分析	100	98	120	86
5	多媒体教程	138	84	120	188
6	人工智能	200	185	160	205
7	Python程序设计	488	321	230	385

图 2-19　图书销售表

（4）输入信息。

输入信息设置用户在单击单元格准备输入信息的时候，可以看到设置的提示，从而减少输入错误的几率。

（5）出错警告。

出错警告设置用户在输入错误时的提示信息，从而减少输入错误的几率。虽然 Excel 能够自动给出默认的出错警告，如图 2-17 所示，但是默认的警告信息并不能告诉用户为什么输入错误。因此，通常需要设置有意义的出错警告信息，以告诉用户输入错误的原因。

例 2-7：打开"图书销售表.xlsx"，设置售价只能输入大于或等于 0.01 的小数，并创建书名列表为下拉列表，只能选择图书销售表中的书名。

解答：

① 选中 B3：B7，单击"数据"→"数据工具"→"数据验证"，在"设置"中设置验证条件：小

数、大于或等于、最小值为 0.01，如图 2-20 所示。在"输入信息"中填入标题和输入信息；在"出错警告"中设置"样式"为停止，并填入标题和错误信息，如图 2-21 所示。

图 2-20　售价数据验证

图 2-21　输入信息和出错警告设置

② 选中 B10，单击"数据"→"数据工具"→"数据验证"，在"设置"中设置验证条件：序列，在"来源"中选择 A3:A7 单元格区域，如图 2-22 所示。

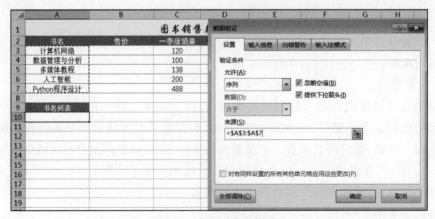

图 2-22　书名列表数据验证

2. 常见错误信息

Excel 中常见的错误信息有 8 种，分别是♯♯♯♯、♯DIV/0、♯VALUE、♯NAME?、♯NUM!、♯N/A、♯REF!以及♯NULL!，如表 2-5 所示。

表 2-5　Excel 常见错误信息

错误信息	错误原因	示　例
♯♯♯♯	输入表格中的数据太长或者单元格公式所产生的结果太大了，在单元格中显示不下	通过调整列表之间的边界线修改"列"的宽度
♯DIV/0!	公式中除数为 0 或除数指向了一个空单元格	＝1/0
♯VALUE!	公式中使用了不正确的参数或者运算符，如在需要数字或逻辑值时却输入了文本的原因，或者在需要赋单一数据的运算符或函数时，却赋给了一个数值区域	＝160＋"230"
♯NAME?	公式中使用了 Excel 所不能识别的文本时会产生此错误信息	＝SUM(销售量)，但是没有定义销售量名称区域
♯NUM!	公式中使用了不正确的数字	＝SQRT(−4)
♯N/A	公式中没有可用数值	在计算移动平均值时，如果间隔为 n，则前 n−1 个移动平均值没有可用数值进行计算
♯REF!	公式中引用了无效单元格	＝SUM(B1,C1)，删除 B 列，则单元格中的公式会变为＝SUM(♯REF!,B1)
♯NULL!	公式中使用了不正确的区域运算符或不正确的单元格引用	＝SUM(A1:A3,C1:C3)

2.1.5　习题与实践

1. 填空题

(1) 在电子表格的公式中，引用 Salary 工作表中的 C2 单元格，相对引用为_____。

(2) 在电子表格中输入公式时，必须先输入_____。

2. 选择题

(1) 在 B4 单元格内输入＝A$7＋A8 单元格，将公式复制到 D3，公式变为(　　)。

　　A. ＝A$7＋A8　　B. ＝C$7＋C8　　C. ＝C$7＋C7　　D. ＝C$6＋C7

(2) 以下运算符中，优先级最高的是(　　)。

　　A. ＋　　B. *　　C. >　　D. &

(3) 在绝对引用、相对引用和混合引用中进行切换的快捷键是(　　)。

　　A. F4　　B. F2　　C. F8　　D. F10

2.2　数据处理应用

在大数据时代，仅获取和占有数据是远远不够的，只有通过对数据的分析与处理才能获取更多智能的、深入的、有价值的信息。

2.2.1 内置工作表函数

Excel中提供了大量的工作表函数，其中比较常见的有计算类函数，包括数学函数、统计函数、日期函数和逻辑函数，这几类函数在数据计算中应用最为广泛。除了数据的计算处理，在日常数据处理过程中，查询数据也是经常涉及的数据处理操作。利用系统提供的文本函数和查找函数同样可以很方便地完成各种查询操作。

1. 数学函数：专攻数学计算

数学函数主要包括数据计算函数、舍入函数和随机函数。

数据计算函数主要用于求和、求余、参数乘积等运算，求和运算可以对任意数据区域快速求和，同时还能使用SUMIF函数和SUMIFS函数对满足单个条件或多个条件的数据进行求和。SUMPRODUCT函数可以求出数组间对应的元素乘积的和，利用此函数还可以实现按条件求和运算与按条件计数统计。

舍入函数主要用于数值的取舍处理。例如，返回实数向下取整后的整数值，按照指定的位数对数值四舍五入等。

表2-6为数学函数中常用函数一览表。

表 2-6　数学常用函数一览表

函数名	功　　能	函 数 语 法
SUM	直接对指定的多个数据进行快速求和	SUM(number1,[number2],…)
SUMIF	根据指定条件对若干单元格求和	SUMIF(range,criteria,[sum_range])
SUMIFS	对区域中满足多个条件的单元格求和	SUMIFS(sum_range,criteria_range1,criteria1,[criteria_range2],[criteria2],…)
INT	返回实数向下取整后的整数值	INT(number)
ROUND	按指定位数对数值四舍五入	ROUND(number,num_digits)

例2-8：在"各门店商品销量报表.xlsx"中记录了某连锁超市各门店4～6月生活用品的销售统计数据，需要进行总销售额、国购店销售额，"竹盐"系列产品销售额、新都汇店月销量高于300(含)的产品销售额、圆融广场店5月份的产品销售额的数据统计，统计结果如图2-23所示。

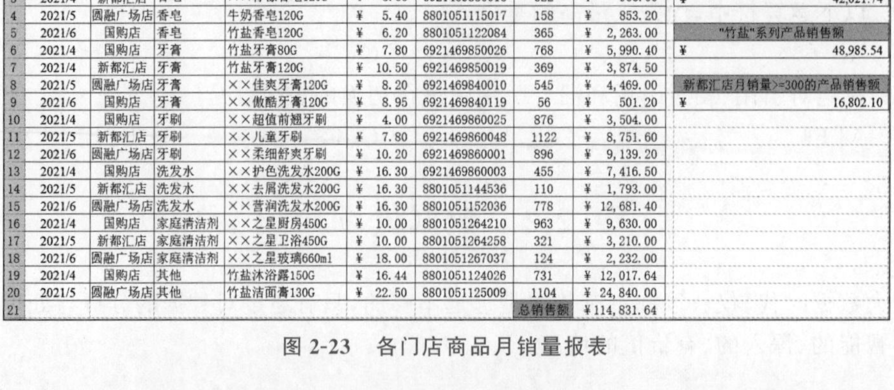

	A	B	C	D	E	F	G	H	I	J
1	销售日期	门店	产品类别	品　名	零售价	条形码	月销量	销售额		
2	2021/4	国购店	香皂	××玫瑰香皂120G	¥ 3.00	6921469880009	233	¥ 699.00		国购店的销售额
3	2021/4	新都汇店	香皂	××柠檬香皂120G	¥ 3.00	6921469880016	322	¥ 966.00		¥ 42,021.74
4	2021/5	圆融广场店	香皂	牛奶香皂120G	¥ 5.40	8801051115017	158	¥ 853.20		
5	2021/6	国购店	香皂	竹盐香皂120G	¥ 6.20	8801051122084	365	¥ 2,263.00		"竹盐"系列产品销售额
6	2021/4	国购店	牙膏	竹盐牙膏80G	¥ 7.80	6921469850026	768	¥ 5,990.40		¥ 48,985.54
7	2021/4	新都汇店	牙膏	竹盐牙膏120G	¥ 10.50	6921469850019	369	¥ 3,874.50		
8	2021/5	圆融广场店	牙膏	××佳爽牙膏120G	¥ 8.20	6921469840010	545	¥ 4,469.00		新都汇店月销量>=300的产品销售额
9	2021/6	国购店	牙膏	××傲酷牙膏120G	¥ 8.95	6921469840119	56	¥ 501.20		¥ 16,802.10
10	2021/4	国购店	牙刷	××超值前翘牙刷	¥ 4.00	6921469860025	876	¥ 3,504.00		
11	2021/5	新都汇店	牙刷	××儿童牙刷	¥ 7.80	6921469860048	1122	¥ 8,751.60		
12	2021/6	圆融广场店	牙刷	××柔细舒爽牙刷	¥ 10.20	6921469860001	896	¥ 9,139.20		
13	2021/4	国购店	洗发水	××护色洗发水200G	¥ 16.30	6921469860003	455	¥ 7,416.50		
14	2021/5	新都汇店	洗发水	××去屑洗发水200G	¥ 16.30	8801051144536	110	¥ 1,793.00		
15	2021/6	圆融广场店	洗发水	××营润洗发水200G	¥ 16.30	8801051152036	778	¥ 12,681.40		
16	2021/4	国购店	家庭清洁剂	××之星厨房450G	¥ 10.00	8801051264210	963	¥ 9,630.00		
17	2021/5	新都汇店	家庭清洁剂	××之星卫浴450G	¥ 10.00	8801051264258	321	¥ 3,210.00		
18	2021/6	圆融广场店	家庭清洁剂	××之星玻璃660ml	¥ 18.00	8801051267037	124	¥ 2,232.00		
19	2021/4	国购店	其他	竹盐沐浴露150G	¥ 16.44	8801051124026	731	¥ 12,017.64		
20	2021/5	圆融广场店	其他	竹盐洁面膏130G	¥ 22.50	8801051125009	1104	¥ 24,840.00		
21							总销售额	¥114,831.64		

图 2-23　各门店商品月销量报表

（1）统计总销售额。

在 H21 单元格中输入：＝SUM(H2:H20)，回车即可计算出总销售额。

SUM 函数参数的最常见写法是对一块单元格区域进行求和，但其参数还有其他灵活的写法。

① ＝SUM(1,2,3)，可以都是常量，中间使用逗号间隔。

② ＝SUM(D2:D3,D9:D10,Sheet2! A1:A3)，可以是不同的单元格区域，还可以引用其他工作表中的数据区域，中间使用逗号间隔。

③ ＝SUM(4,SUM(3,3),A1)，可以是函数的返回值，中间使用逗号间隔。

（2）统计国购店的销售额。

在 J3 单元格中输入：＝SUMIF(B2:B20,"国购店",H2:H20)，回车即可计算销售额。

在本例公式中，"B2:B20"部分用于指明条件所在的位置，"国购店"部分用于指明参与求和的数据需要符合的条件，"H2:H20"部分用于指明需要求和数据所在的位置。

整个计算过程就相当于一个循环比较筛选数据的过程。以 B2 单元格为例，程序会先判断该单元格的值是否为"国购店"，如果判断成立，则将其对应的 H2 单元格的值保存在数据集 1 中，如果判断不成立，则将其对应的 H2 单元格的值保存在数据集 2 中，当对 B2:B20 区域的所有数据判断完后，所有销售部对应的销售额数据就被分别归类到数据集 1 和数据集 2 中，最后对数据集 1 中的数据进行求和运算得到最后的结果，如图 2-24 所示。

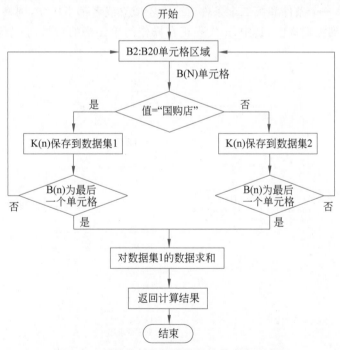

图 2-24　国购店销售额的数据计算过程示意图

（3）统计"竹盐"系列产品销售额。

在 J6 单元格中输入：＝SUMIF(D2:D20,"竹盐 * ",H2:H20)，回车即可计算销售额。

通过分析可知，本例要计算商品的销售额，但是这个销售额需要满足一个条件，就是商品必须是竹盐系列的产品，可是竹盐系列的产品有很多，包括竹盐香皂、竹盐洁面、竹盐沐浴露等。但是所有商品有一个共同的特点,即商品名称中以"竹盐"开头,因此,在设置商品条件时使用了"＊"通配符来完成。

SUMIF 函数中 criteria 参数在指定求和条件时,可以在其中使用通配符问号(?)和星号(＊),其中,问号(?)用于匹配任意单个字符,星号(＊)用于匹配任意一串字符。

(4) 统计新都汇店月销量高于 300(含)的产品销售额。

在 J9 单元格中输入:＝SUMIFS(H2：H20,B2：B20,"新都汇店",G2：G20,"＞＝300"),回车即可计算销售额。

通过分析可知,本例要计算商品的销售额,但是这个销售额需要满足两个条件:第一,商品销售的门店必须是新都汇店;第二,商品的月销售量必须大于或等于 300。对于这种多条件的数据汇总,直接数使用 SUMIFS 函数就可以完成。

在本例的"＝SUMIFS(H2：H20,B2：B20,"新都汇店",G2：G20,"＞＝300")"公式中。"H2：H20"单元格用于指明需要进行求和计算的数据所在的单元格区域,"B2：B20""新都会店"部分为第一个条件,表示"B2：B20"单元格区域中"新都汇店"的数据才可以参与求和计算。"G2：G20""＞＝300"部分为第二个条件,表示 G2：G20 单元格区域中月销量大于或等于"300"的数据才可以采取求和计算。最后使用 SUMIFS 函数将同时满足第一个条件和第二个条件的数据进行求和计算。

与 SUMIF 函数相同,本例的整个计算过程也是一个循环比较,并选取符合条件的单元格进行求和的过程,如果第一个条件和第二个条件同时成立,则将对应的利润数据提取放到数据集中,如果第一个条件和第二个条件有一个不成立或者都不成立,则将对应的销售额数据以 0 替代存放到数据集中,其中,n 代表正在操作的单元格的行号,整个计算过程示意图如图 2-25 所示。

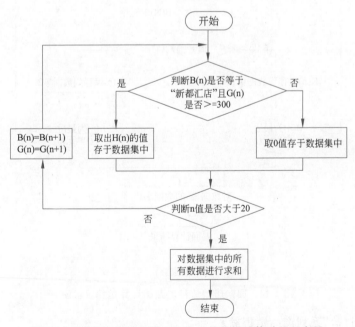

图 2-25　新都汇店销售额 300 以上的数据计算过程示意图

2. 统计函数:统计计算还得靠它

在数据处理过程中,经常需要完成计数、均值和最值数据的统计。Excel 中提供的统计函数就是专门解决这些问题的。

表 2-7 为统计函数中常用函数一览表。

表 2-7　常用统计函数一览表

函数名	功　　能	函 数 语 法
COUNT	返回数字参数的个数	COUNT（value1，value2，…）
COUNTIF	计算区域中满足给定条件的单元格的个数	COUNTIF（range，criteria）
COUNTIFS	计算某个区域中满足多重条件的单元格数目	COUNTIFS（range1，criteria1，range2，criteria2，…）
MAX	返回数据集中的最大数值	MAX（number1，number2，…）
MIN	返回数据集中的最小数值	MIN（number1，number2，…）
AVERAGE	计算所有参数的算术平均值	AVERAGE（number1，number2，…）
RANK	返回一列数字的数字排位。数字的排位是相对于列表中其他值的大小	RANK（number，ref，[order]）
LARGE	返回某一数值集中的某个最大值	LARGE（array，k）
SMALL	返回某一数值集中的某个最小值	SMALL（array，k）
FREQUENCY	计算数值在某个区域内的出现频率，然后返回一个垂直数组	FREQUENCY（data_array，bins_array）

例 2-9：在"车间职工工资表.xlsx"中记录了某工厂车间职工工资补贴等相关信息统计数据，需要进行最高工资、最低工资、平均工资、获得交通补贴的人数、工资低于 3000（含）的人数、工资高于 3000（含）的男职工人数、排名前（后）三的工资额、依照工资统计职工排名等统计，统计结果如图 2-26 所示。

	A	B	C	D	E	F	G	H	I
1	职工工号	姓名	车间	性别	工资	交通补贴	名次		获取交通补贴的人数
2	RCH001	张佳佳	男装车间	女	3500	200	2		7
3	RCH002	周传明	女装车间	男	2720	100	11		
4	RCH003	陈秀月	女装车间	女	2800	无	9		统计工资额<=3000的人数
5	RCH004	杨世奇	女装车间	男	3400	320	4		5
6	RCH005	袁晓宇	男装车间	男	2900	无	8		
7	RCH006	夏甜甜	男装车间	女	3100	无	6		统计男性工资>=3000的人数
8	RCH007	吴晶晶	女装车间	女	3850	700	1		2
9	RCH008	蔡天放	女装车间	男	3050	无	7		
10	RCH009	朱小琴	男装车间	女	3420	425	3		排名前三的工资数额
11	RCH010	袁庆元	女装车间	男	2780	400	10		3850
12	RCH011	张芯瑜	男装车间	女	3200	100	5		3500
13	RCH012	李慧珍	女装车间	女	2455	无	12		3420
14				最高工资	3850				排名后三的工资数额
15				最低工资	2455				2455
16				平均工资	3097.9				2720
17									2780

图 2-26　车间工人工资收入信息表

（1）统计该车间职工的最高、最低和平均工资。

分别在 E14、E15、E16 单元格中输入：＝MAX（E2：E13），＝MIN（E2：E13），＝

AVERAGE(E2:E13),回车即可得到结果。

（2）统计获得交通补贴的工人人数。

在 I2 单元格中输入：＝COUNT(F2:F13)，回车即可统计获得交通补贴的职工人数。

COUNT 函数统计数组或单元格区域中含有数字的单元格个数，F4、F6、F7、F9、F13 单元格内容不是数字，所以不被统计。

（3）统计工资低于 3000(含)的职工人数。

在 I5 单元格中输入：＝COUNTIF(E2:E13,"＜＝3000")，回车即可统计工资低于 3000 的职工人数。

带特定条件的个数统计，要利用 COUNTIF( ) 函数。COUNTIF( ) 函数有以下两个参数。

① range：用于指定给定的数据集合或者单元格区域。该函数只对数值数据进行统计，对于空单元格和文本数据将不计入统计范围。

② criteria：用于指定需要被统计的数据符合的条件，可以为数字、表达式、单元格引用或文本，但为表达式或文本时必须用引号，如"＜＝3000"、"男"、"3000"、B4 等。

本例中，"＝COUNTIF(E2:E13,"＜＝3000")"公式中，"E2:E13"部分是用于指定统计数量所在的区域，而"＜＝3000"部分是用于指明计数单元格需要满足的条件。

（4）统计工资高于 3000(含)的男职工人数。

在 I7 单元格中输入：＝COUNTIFS(E2:E13,"＞＝3000",D2:D13,"男")，回车即可统计工资高于 3000 的男职工人数。

COUNTIFS 函数与 COUNTIF 函数类似，用来统计满足多个条件的数据个数，本例中需要满足的两个条件分别是工资高于 3000 元和性别为"男"，分别对应的统计区域是"F2:F13"和"D2:D13"。

（5）统计工资最高(低)的前三位的工资数额。

选中 I11:I13 单元格，在编辑栏中输入公式：＝LARGE(E2:E13,{1;2;3})，按 Ctrl＋Shift＋Enter 组合键即可统计工资最高的前三位的工资数额。

选中 I15:I17 单元格，在编辑栏中输入公式：＝SMALL(E2:E13,{1;2;3})，按 Ctrl＋Shift＋Enter 组合键即可统计工资最低的前三位的工资数额。

本例中要统计工资最高的前三位数据，但是 LARGE( ) 函数一次只能抽取一个第 k 大的数据，所以将 k 参数设置为常量数组来完成。

"{1;2;3}"定义了一个一维纵向包含 1、2 和 3 的常量数组，数组的每一行上元素用","间隔，每一列上的元素用";"间隔。

这个常量数组用于对 E2:E13 单元格区域分别取第 1 大值、第 2 大值、第 3 大值，即一个包含 3 个数据的数据集合{3850;3500;3420}。

统计工资最低的前三位数据和最高的思路一致，利用 SMALL( ) 函数即可。

（6）工资区间分析。

在分析职工工资数据时，可以通过各个工资区间中职工人数来分析收入水平，还可以此为依据来调整工资水平，从而控制人力成本。如图 2-27 所示统计了某车间各个工资区间中职工人数。

统计各个工资区间的职工人数，实际上是计算数值在各个区域内出现的频率，使用

职工工号	姓名	车间	性别	工资	交通补贴	名次			工资区间分析		
									工资区间	区间分割点	职工人数
RCH001	张佳佳	男装车间	女	3500	200	2			0元~2600元（含）	2600	1
RCH002	周传明	女装车间	男	2720	100	11			2600元~2800元（含）	2800	3
RCH003	陈秀月	女装车间	女	2800	无	9			2800元~3000元（含）	3000	1
RCH004	杨世奇	女装车间	男	3400	320	4			3000元~3200元（含）	3200	3
RCH005	袁晓宇	男装车间	男	2900	无	8			3200元以上		4
RCH006	夏甜甜	男装车间	女	3100	无	6					
RCH007	吴晶晶	女装车间	女	3850	700	1					
RCH008	蔡天放	女装车间	男	3050	无	7					
RCH009	朱小琴	男装车间	女	3420	425	3					
RCH010	袁庆元	女装车间	男	2780	400	10					
RCH011	张芯瑜	女装车间	女	3200	100	5					
RCH012	李慧珍	男装车间	女	2455	无	12					

图 2-27　工人工资水平情况统计

FREQUENCY()函数来完成。

从图 2-27 中可以看到已经给定了工资区间划分方式,在统计数据之前,还需要先根据该区间划分设置对应的区间分隔点,设置区间分隔点需要以区间的最大值为临界点,如图 2-27 所示设置区间分隔点。

选择 M3:M7 单元格区域,在编辑栏中输入公式:＝FREQUENCY(E2:E13,L3:L6),按 Ctrl＋Shift＋Enter 组合键即可统计各个工资区间的职工人数。

E2:E13 单元格区域指明了要进行统计的数据所在的位置,即所有工资数据。L3:L6 单元格区域指明了进行分组的区间分隔点,即工资分组的区间临界点,通过这个分隔点,将数据划分为 5 个范围,$(0,2600]$、$(2600,2800]$、$(2800,3000]$、$(3000,3200]$、$(3200,+\infty)$。下面以 E2 单元格的数据为例,讲解整个计算过程。

首先提取 E2 单元格的数据 3500,判断是否属于第一个区间范围,匹配成功,则区间 1 的计数器加 1,继续提取 E3 的数据进行区间匹配,直至匹配完所有数据。如果 E2 单元格与第一个区间范围匹配不成功,则判断是否属于第二个区间范围,如果匹配成功,则区间 2 的计数器加 1,继续提取 E3 的数据进行区间匹配,直到匹配完成所有数据。如果 E2 单元格与第二个区间范围匹配不成功,则判断是否属于第三个区间范围……,以此重复完成所有区间和所有数据的匹配,最后将每个区间范围中对应计数器的数据输出及完成分组。

(7) 依据工资进行排名。

在 G2 单元格中输入:＝RANK(E2,$E$2:$E$13),回车,并填充至 G13 即可获得排名。RANK 函数返回的是一个数字在一组数据中的位次,第一个参数 E2 为需要排位的数字所在的单元格,第二个参数为参加排位的范围。因范围固定不变,故采用绝对引用。第三个参数是指定数字排位方式,如果第三个参数为 0(零)或省略,为降序排列,否则为升序排列。

3.日期函数:日期的计算轻松搞定

日常使用中的数据很多都与日期相关,因此就不可避免地要涉及日期和时间的处理,如计算时间、间隔统计工作日的天数等。在 Excel 中,灵活应用系统提供的各种日期和时间函数可以快速地处理这些问题。

Excel 中常用的日期和时间函数如表 2-8 所示。

表 2-8　常用日期时间函数一览表

函数名	功　　能	函 数 语 法
YEAR	返回对应某个日期的年份	YEAR(serial_number)
MONTH	返回日期中的月份	MONTH(serial_number)
DAY	返回某个日期在一个月中的天数	DAY(serial_number)
TODAY	用于生成系统当前的日期	TODAY()
NOW	用于生成系统日期时间格式的当前日期和时间	NOW()
HOUR	返回时间数据中的小时	HOUR(serial_number)
MINUTE	返回时间数据中的分钟	MINUTE(serial_number)
SECOND	返回时间数据中的秒	SECOND(serial_number)
DATEDIF	计算日期之间的年数、月数或天数	DATEDIF(date1,date2,code)
DATE	根据指定的年份、月份和日期返回日期序列值	DATE(year,month,day)
TIME	根据指定的小时、分钟和秒数返回时间	TIME(hour,minute,second)

例 2-10：在员工档案表.xlsx"表格中详细记录了员工的编号、姓名、出生日期、入厂时间与加班时长等信息，需要统计年龄、工龄和加班费等数据，统计结果如图 2-28 所示。

	A	B	C	D	E	F	G	H
1	编号	姓名	出生日期	年龄	入厂时间	工龄	加班时长	加班费
2	BH1001	祝苗	1976/11/12	45	1999/5/1	22	2:30	250
3	BH1002	刘瑾瑾	1980/3/18	41	1996/7/1	24	1:00	100
4	BH1003	董磊	1974/4/25	47	1997/3/1	24	3:10	317
5	BH1004	李聘	1983/7/1	38	2002/9/1	18	2:45	275
6	BH1005	刘岩	1983/8/3	38	2002/9/1	18	1:30	150
7	BH1006	卢鑫怡	1984/5/19	37	1996/7/1	24	4:00	400
8	BH1007	杨娟	1981/9/23	40	1999/5/1	22	1:10	117
9	BH1008	薛敏	1979/10/7	42	1999/5/1	22	0:50	83
10	BH1009	周纳	1980/6/7	41	1995/10/1	25	1:40	167
11	BH1010	赵佳佳	1962/1/4	59	1997/7/16	23	2:20	233
12	BH1011	杨晓莲	1966/5/6	55	2001/5/16	20	2:50	283
13	BH1012	赵丹	1983/4/21	38	1995/12/1	25	3:20	333
14	BH1013	刘可盈	1979/12/31	42	1994/7/16	26	1:20	133
15	BH1014	张家	1976/2/16	45	1997/3/1	24	1:40	167
16	加班费标准（元/小时）	100						

图 2-28　员工档案表

（1）计算员工的年龄。

在 D2 单元格中输入：＝YEAR(TODAY())－YEAR(C2)，并填充至 D15 即可得到结果。要计算员工的年龄，直接将系统当前日期中的年份数据与出生日期的年份数据相减就可得到结果。TODAY()函数用来获取当前的系统日期，YEAR()函数取得出生日期的年份。

（2）计算员工的工龄。

在 F2 单元格中输入：＝DATEDIF(E2,TODAY(),"Y")，并填充至 F15 即可得到结果。在本例公式中，E2 单元格保存员工入厂时间，TODAY() 函数部分用于获取当前的系统日期，"Y"参数用于指定 DATEDIF() 函数返回两个日期之间的年限差。

DATEDIF() 函数是一个隐藏函数，功能是返回两个日期之间的年、月、日的间隔数，该函数在帮助和插入公式里面没有，但是可以在 Excel 中使用。从语法结构中可以看出，DATEDIF() 函数有 3 个参数，各参数的具体作用如下。

① start_date：该参数为一个日期，代表时间段内的起始日期。

② end_date：该参数为一个日期，代表时间段内的结束日期。

③ unit：该参数用于指定计算时间间隔的单位和方式。该参数有多种值，参数值不同，函数返回的差值就不同，具体参数值及其作用如表 2-9 所示。

表 2-9　unit 参数值及其对应的作用

参数值	作　　用
"Y"	计算 start_date 与 end_date 指定的日期中的整年数，例如，"＝DATEDIF("2020-1-10"，"2021-1-30"，"Y")"返回 1
"M"	计算 start_date 与 end_date 指定的日期中的整月数，例如，"＝DATEDIF("2020-1-10"，"2021-1-30"，"M")"返回 12
"D"	计算 start_date 与 end_date 指定的日期中的天数，例如，"＝DATEDIF("2020-1-10"，"2021-1-30"，"D")"返回 386
"MD"	计算 start_date 与 end_date 指定的日期中天数的差；该参数值忽略日期中的月和年，例如，"＝DATEDIF("2020-1-10"，"2021-1-30"，"MD")"返回 20
"YM"	计算 start_date 与 end_date 指定的日期中月数的差；该参数值忽略日期中的日和年，例如，"＝DATEDIF("2020-1-10"，"2021-1-30"，"YM")"返回 0
"YD"	计算 start_date 与 end_date 指定的日期中天数的差；该参数值忽略日期中的年，例如，"＝DATEDIF("2020-1-10"，"2021-1-30"，"YD")"返回 20

在使用 DATEDIF() 函数计算时间间隔时，需要注意 start_date 参数指代的日期必须小于 end_date 参数指代的日期，即开始日期必须小于结束日期。

（3）根据加班时长统计加班费。

在 H2 单元格中输入：＝ROUND(HOUR(G2) ＊ \$B\$16＋MINUTE(G2)/60 ＊ \$B\$16，0)，并填充至 H15 即可得到结果。

4. 逻辑函数：扩充计算功能的好帮手

在 Excel 中提供了逻辑函数，它主要是对数据的逻辑真伪进行判断，用于测试指定数据是否满足某个条件并返回判断结果的逻辑值，在数据处理过程中经常会遇到这种数据的处理，虽然这些函数可以单独使用，但是更多的时候是被嵌套在其他函数中使用，扩充数据的计算功能，完成各种复杂的数据计算。

表 2-10 为 Excel 提供的逻辑函数一览表。

表 2-10　逻辑函数一览表

函数名	功　　　能	函　数　语　法
IF	根据指定的条件判断其"真"(TRUE)、"假"(FALSE),从而返回其相对应的内容	IF(logical_test,value_if_true,value_if_false)
NOT	对参数值求反	NOT(logical)
AND	判断指定的多个条件是否全部成立	AND(logical1,logical2,…)
OR	判断指定的多个条件是否有一个成立	OR(logical1,logical2,…)

例 2-11：在"学生录取成绩统计表.xlsx"中记录了学生姓名、三科考试成绩和面试成绩等相关信息统计数据,需要根据总分给出评定结果,根据三科分数和总分判断是否参加复试,统计结果如图 2-29 所示。

	A	B	C	D	E	F	G	H	I
1	姓名	语文	数学	英语	总分	评定结果	是否参加复试	面试成绩	是否录取
2	陈伟	80	90	98	268	优秀	是	42	录取
3	葛玲玲	60	70	90	220	合格	是	35	
4	张家梁	70	58	45	173	不合格	否		
5	陆婷婷	50	60	59	169	不合格	否		
6	唐糖	68	78	80	226	合格	是	33	
7	王亚磊	90	90	88	268	优秀	是	39	录取
8	徐文停	58	65	56	179	不合格	否		
9	苏秦	60	80	70	210	合格	是	29	
10	潘鹏	86	90	95	271	优秀	是	38	录取
11	马云飞	88	99	55	242	合格	否		
12	孙婷	85	100	89	274	优秀	是	30	
13	徐春宇	91	80	88	259	合格	是	45	录取

图 2-29　学生录取成绩统计表

(1) 根据总分进行评定。

对成绩进行评定时其评定标准为：当总分成绩高于或等于 260 分时,评为"优秀";成绩为 180～260 分时,评为"合格";成绩低于 180 分时,评为"不合格"。可以使用 IF 函数的嵌套来进行多条件的判断。

在 F2 单元格中输入：=IF(E2>=260,"优秀",IF(E2>=180,"合格","不合格")),并填充至 F13 即可得到结果。

在本例公式中,E2 单元格中存储了学生的总分成绩,首先执行"E2>=260"部分,判断总分成绩是否大于或等于 260,如果条件成立,则执行"优秀"部分。如果条件不成立,则执行"IF(E2>=180,"合格","不合格")"部分,在该部分中嵌套了一个 IF() 函数,在嵌套的函数中,首先执行"E2>=180"部分,判断总分是否在 180～260 这个分数段,如果条件成立,则执行"合格"部分,否则就是总分在 180 以下的成绩,则执行"不合格"。

(2) 根据规则判断学生是否能参加复试。

对于是否能参加复试的学生的判定标准为：每门课成绩都要大于或等于 60 分,并且总分要大于或等于 210 分。

在 G2 单元格中输入：=IF(AND(B2>=60,C2>=60,D2>=60,E2>=210),"是","否"),并填充至 G13 即可得到结果。

在需要多条件同时满足的数据计算时,需要使用 AND() 判断,在本例中 B2,C2,D2 和

E2 单元格分别存储了语文、数学、英语和总分成绩的统计数据,通过 AND()函数分别判断语数外单元格是否高于或等于 60 和总分单元格是否高于或等于 210,当所有单元格的值都满足时,则 AND()函数返回 TRUE,IF()函数输出"是";如果任意一个单元格的值不满足的时候,则 AND()函数返回 FALSE,IF()函数输出"否"。

(3) 根据面试成绩和总分判断学生是否录取。

对于学生是否能录取的判定标准为:评定结果为优秀并且面试成绩高于或等于 35 分,或者评定结果为合格且面试成绩高于或等于 40 分,以上两种情况满足其一即可录取。

在 I2 单元格中输入:=IF(OR(AND(F2="优秀",H2>=35),AND(F2="合格",H2>=40)),"录取",""),并填充至 I13 即可得到结果。

在本例中两个条件只需满足一个就可成立的场合,用 OR()函数来实现。

5. 文本函数:在文本中提取查找数据就靠它

表格中常见的数据包括数字数据和文本数据两大类,因此文本数据的处理也是数据处理中比较重要的一项操作。众所周知,文本数据是不能参与数学计算的,因此,对文本数据的处理更多的是在文本中提取某部分数据,从而完成比较、修改的操作。

Excel 的常用文本函数如表 2-11 所示。

表 2-11　常用文本函数一览表

函数名	功　能	函 数 语 法
LEFT	返回从文本左侧开始提取指定个数的字符	LEFT(text,num_chars)
RIGHT	根据所指定的字符数返回文本字符串中最后一个或多个字符	RIGHT(text,num_chars)
MID	返回文本字符串中从指定位置开始的特定数目的字符,该数目由用户指定	MID(text,start_chars,num_chars)
FIND	用于在第二个文本串中定位第一个文本串并返回第一个文本串的起始位置的值	FIND(find_text,within_text,start_num)
SEARCH	查找一个字符串在另一个字符串中出现的位置,查找时忽略英文字母的大小写	SEARCH（find_text,within_text,start_num)
LEN	获取指定字符串的字符总长度	LEN(text)

例 2-12:在"货名表.xlsx"中记录了货品的货品名称、生产厂家、类别、数量等信息数据,需要获取货品的品牌名称和产地的数据,统计结果如图 2-30 所示。

	A	B	C	D	E	F	G
1	货品名称	生产厂家	类别	数量	空格位值	品牌名称	产地
2	五福金牛 荣耀系列全包围双层皮革丝	鑫忠盛包装制品(南京)有	脚垫	12	5	五福金牛	南京
3	北极绒 U型枕护颈枕	玉叶工艺品厂(平顶山)	头腰靠枕	14	4	北极绒	平顶山
4	途雅 汽车香水 车载座式香水	信瑞精密电子(德州)有限	香水/空气净化	20	3	途雅	德州
5	卡莱饰 新车空气净化光触媒180ml	信华科技集团精密电子分公	香水/空气净化	22	4	卡莱饰	杭州
6	五福金牛 汽车脚垫 迈畅全包围脚垫	鑫忠盛包装制品(南京)有	脚垫	21	5	五福金牛	南京
7	牧宝(MUBO) 冬季纯羊毛汽车坐垫	(南通)南丰合成革有限公	座垫/座套	12	9	牧宝(MUBO)	南通
8	洛克(ROCK) 车载手机支架重力支架	玉山镇(昆山)远赛山百货	功能小件	42	9	洛克(ROCK)	昆山
9	尼罗河 四季通用汽车坐垫	忠和包装有限责任公司	座垫/座套	12	4	尼罗河	东莞
10	COMFIER 汽车座垫按摩坐垫	忠和包装制品有限责任公司	座垫/座套	30	8	COMFIER	东莞
11	康车宝 汽车香水 空调出风口香水夹	信瑞精密电子(德州)有限	香水/空气净化	41	4	康车宝	德州
12	牧宝(MUBO) 冬季纯羊毛汽车坐垫	(南通)南丰合成革有限公	座垫/座套	20	9	牧宝(MUBO)	南通
13	南极人 汽车头枕腰靠	豪特纺织有限公司(苏州)	头腰靠枕	14	4	南极人	苏州
14	康车宝 空调出风口香水夹	信华科技集团精密电子分公	香水/空气净化	13	4	康车宝	杭州

图 2-30　货品信息表

（1）根据货品名称获取货品品牌名称。

在 F2 单元格中输入：＝LEFT(A2,FIND(" ",A2)－1)，并填充至 F14 即可得到结果。

A2 单元格中的货品名称中将品牌名称与产品名称间使用了空格间隔，有了这个规律则可以实现自动提取。首先判断空格的所在位置，然后根据空格的位置从字符串的左边开始提取字符。

使用 FIND() 函数找到 A2 单元格中空格的位置，并用返回的值减去 1。因为品牌名称在空格前，所以要进行减 1 处理。（为了方便说明，在 E2 单元格中输入：＝FIND(" ",A2)，回车，结果得到 A2 单元格中空格的位置。）

使用 LEFT() 函数从左边开始提取字符，提取长度为使用 FIND() 函数找到 A2 单元格中空格的位置减 1，即可提取 A2 单元格从左边起前 4 个字符，也就是品牌名称。以此类推，即可分别提取出其他货品的品牌名称。

RIGHT() 函数的使用同 LEFT() 函数相似，只是提取长度的位置是从字符串的最右侧开始。

（2）根据生产厂家获取货品产地。

在 G2 单元格中输入：＝MID(B2,FIND("(",B2)＋1,FIND(")",B2)－FIND("(",B2)－1)，并填充至 G14 即可得到结果。

LEFT() 函数和 RIGHT() 函数分别从字符串的左侧和右侧提取字符，如果需要从字符串的中间某个指定位置开始提取字符，就需要使用 MID() 函数。

B2 单元格中的生产厂家中产地是在括号中的文本，但括号的位置不固定，所以需要结合 FIND() 函数确定位置，才能进行自动提取。

FIND("(",B2) 返回"("在 B2 单元格中的位置，然后进行加 1 处理，因为要提取的起始位置在"("之后。需要注意的是，这里公式中的符号要注意全角/半角，即如果数据源中使用的是全角符号，这里的括号也必须是全角符号，反之亦然。

FIND(")",B2)－FIND("(",B2)－1 计算货品产地由几个字符组成。

6. 查找函数：表格中的数据查找工具

函数不仅是对数据进行计算处理，在日常办公的数据处理过程中查询数据也是经常涉及的数据处理操作。利用系统提供的函数同样可以很方便地完成各种查询操作。学会查询与查找数据，海量数据分析不再怕。

查询数据是 Excel 数据处理中的重要操作之一，通过查找函数，可以在庞大的数据表格中快速查找到需要的数据或者记录，对高效完成工作有着非常重大的帮助。

Excel 常用的查找函数如表 2-12 所示。

表 2-12　常用查找函数一览表

函数名	功　能	函数语法
VLOOKUP	在表格或数值数组的首行查找指定的数值，并由此返回表格或数组当前行中指定列处的值	VLOOKUP(lookup_value,table_array,col_index_num,range_lookup)
INDEX	返回表格或区域中的值或值的引用	INDEX(reference,row_num,[column_num],[area_num])
MATCH	返回在指定方式下与指定数值匹配的数组中元素的相应位置	MATCH(lookup_value,lookup_array,match_type)

例 2-13：在"员工培训成绩统计表.xlsx"中记录了某公司员工的姓名、部门、参加培训的成绩等相关信息数据，需要根据序号和姓名查找员工的部门和成绩，根据等级分布规则给出等级评定，统计结果如图 2-31 所示。

	A	B	C	D	E	F	G	H	I	J	K	L
1	等级分布				成绩统计表						vlookup实现	
2	分数	等级		序号	姓名	部门	成绩	等级评定		序号	部门	成绩
3	0	E		1	彭国华	销售部	93	A		6	销售部	55
4	60	D		2	吴子进	客服部	84	B				
5	70	C		3	赵小军	客服部	78	C		姓名	部门	成绩
6	80	B		4	扬帆	销售部	58	E		王达	销售部	55
7	90	A		5	邓鑫	客服部	90	A				
8				6	王达	销售部	55	E		index+match实现		
9				7	苗振乐	销售部	89	B		序号	部门	成绩
10				8	汪梦	客服部	90	A		4	销售部	58
11				9	张杰	客服部	76	C				
12										姓名	部门	成绩
13										扬帆	销售部	58

图 2-31　培训成绩统计表

（1）根据序号或者姓名查找员工的部门和成绩。

为了方便输入员工的姓名或序号且规避输入不存在或错误的姓名或序号，本例已经在查询表格中通过数据验证功能，将需要查询的员工姓名或序号设置来源于姓名或序号列的数据，要查询员工部门和成绩时，只需要在下拉列表框中选择对应的员工姓名或序号即可。

在本例中，分别用两种方法来实现：通过序号或者姓名进行查询。

① 利用 VLOOKUP() 函数实现。

VLOOKUP(lookup_value,table_array,col_index_num,range_lookup) 函数主要功能是按列查找，最终返回该列所需查询列序所对应的值。VLOOKUP() 函数包含 4 个参数，各参数的具体含义如下。

lookup_value：用于指定需要在数据表第一列中进行查找的数值。

table_array：用于指定数据查找的多行和多列范围。

col_index_num：用于表示 table_array 参数中待返回的匹配值的列号。

range_lookup：用于指明函数在查找时是精确匹配还是近似匹配；其取值有两种情况，如表 2-13 所示。

表 2-13　参数 range_lookup 的取值意义

参 数 值	含 义
TRUE 或 1 或省略	函数将查找近似匹配值，也就是说，如果找不到精确匹配值，则返回小于 lookup_value 的最大数值
FALSE 或 0	返回精确匹配，如果找不到，则返回错误值 #N/A

● 通过序号查询员工的部门和成绩。

在 K3 单元格中输入：＝VLOOKUP(J3,D3:G11,3,TRUE)，回车即可得到结果。在 L3 单元格中输入：＝VLOOKUP(J3,D3:G11,4,TRUE)，回车即可得到结果。

由于 VLOOKUP() 函数只能在查询区域的第一列进行查询，因此将查询区域设置为 D3:G11 单元格区域，在这个单元格区域中，序号数据即位于区域的第一列，而要返回的部门和成绩分别在 D3:G11 单元格区域中位于相对的第三列和第四列,因此将 col_index_num 参数设置为 3 和 4,即可完成查询。

* 通过姓名查询员工的部门和成绩。

在 K6 单元格中输入:=VLOOKUP(J6,E3:G11,2,FALSE),回车即可得到结果。在 L6 单元格中输入:=VLOOKUP(J6,E3:G11,3,FALSE),回车即可得到结果。

利用姓名查询和利用序号查询的实现方法相似,除了查询区域选择范围不同外,主要的区别在于函数的第 4 个参数,查找时是否是精确匹配。由于姓名所在的数据列没有排序,所以用姓名进行查询时,需要精确匹配,第 4 个参数需要设置为 FALSE。

当 VLOOKUP 函数的第 4 个参数被忽略或者为 TRUE 时,将执行近似查找,所查找的数据列必须要按升序排列,才能获得正确的结果。反之,如果所查找的数据列没有排序,那么 VLOOKUP 函数的第 4 个参数应设置为 FALSE,执行精确查找。

② 利用 INDEX()+MATCH() 函数实现。

MATCH(lookup_value,lookup_array,match_type) 函数的功能是返回在指定方式下与指定数值相匹配的数组中元素的相应位置。参数 lookup_value 表示需要在数据表中查找的数值。参数 lookup_array 表示可能包含参数 lookup_value 的连续单元格区域;参数 match_type 用以指明如何在 lookup_array 中查找 lookup_value,它可以为数字-1、0 或 1,其取值的意义如表 2-14 所示。

表 2-14 参数 match_type 的取值意义

match_type 输入的值	含　义
−1	函数将查找大于或等于 lookup_value 的最小数值,lookup_value 必须按降序排列
0	函数将查找等于 lookup_value 的第一个数值,lookup_value 可以按任何顺序排列
1 或者省略	函数将查找小于或等于 lookup_value 的最大数值,lookup_value 必须按升序排列

MATCH 函数用于返回目标数据的位置,如果只是查找位置似乎并不起什么作用,所以 MATCH 函数经常搭配 INDEX 函数使用,INDEX 函数用于返回指定位置上的值,配合使用这两个函数就可以实现对目标数据的查询并返回其值。

* 通过序号查询员工的部门和成绩。

在 K10 单元格中输入:=INDEX(F3:F11,MATCH(J10,D3:D11)),回车即可得到结果。在 L10 单元格中输入:=INDEX(G3:G11,MATCH(J10,D3:D11)),回车即可得到结果。

使用 MATCH 函数在 D3:D11(序号的数据列)单元格区域中寻找 J10 单元格的数值(即 4),并返回其位置(位于第几行中)即第 4 行。使用 INDEX 函数在 F3:F11(部门的数据列)单元格区域中返回 MATCH 函数返回的值指定行处(第 4 行)与 F 列交叉处的值,即"销售部"。查询成绩也是类似。

* 通过姓名查询员工的部门和成绩。

在 K13 单元格中输入:=INDEX(F3:F11,MATCH(J13,E3:E11,0)),回车即可得到结果。在 L13 单元格中输入:=INDEX(G3:G11,MATCH(J13,E3:E11,0)),回车即可得到结果。

通过姓名查找与通过序号查找的不同是 MATCH 函数中的参数 lookup_array 需要根据查找值不同而不同。MATCH 函数的参数 match_type 设置为 0,表示精确匹配。

（2）根据成绩进行等级评定。

VLOOKUP 函数具有模糊匹配的属性,即由 VLOOKUP 的第 4 个可选参数决定。当要实现精确的查询时,第 4 个参数必须要指定为 FALSE(上例中的根据姓名查找),表示精确匹配。但如果设置此参数为 TRUE 或省略此参数,则表示模糊匹配。在模糊匹配时,VLOOKUP 函数可以代替 IF 函数的多层嵌套。

在本例中,需要根据等级分布规则判定成绩的等级评定,规则如下：0(含)～60(不含)为等级 E,60(含)～70(不含)为等级 D,70(含)～80(不含)为等级 C,80(含)～90(不含)为等级 B,90 以上(含)为等级 A,根据规则要求,在 A2:B7 单元格中输入如图 2-31 所示的辅助区域。

在 H3 单元格中输入：＝VLOOKUP(G3,$A$3:$B$7,2),填充至 H11 单元格即可得到结果。G3 单元格为要查找的成绩,即 93 分。查询的区间为$A$3:$B$7,93 在$A$3:$B$7 单元格区域中找不到,因此会去找小于这个值的最大值,因此找到的是 90。返回对应在$A$3:$B$7 单元格区域中的第 2 列,也就是"等级"列中的值。

2.2.2 排序与筛选

一提到数据分析方法,大多数人首先想到的就是图表分析、透视分析以及各种复杂的数据分析工具。其实,Excel 中还有一些实用的数据分析方法,如排序、筛选和条件格式等。这些功能使用起来虽然简单,但是在数据分析过程中却是很好的帮手,通过这些功能可以快速找到所需的目标数据,提升数据分析和处理的效率。

1. 数据的排序方法

（1）简单排序。

根据数据表中的某一字段进行单一排序,排序的顺序按照单元格内的数值或者字符串大小。排序前,将光标选中要进行排序的列的任意一个单元格,选择"开始"选项卡中的"编辑"命令组,单击"排序和筛选"按钮,在下拉列表中有"升序""降序"和"自定义排序"三个选项。在"数据"选项卡中也有"排序和筛选"命令组,单击"排序"按钮,在弹出的"排序"对话框中进行项目的设置。

（2）复杂排序。

同时对两列或两列以上的数据进行排序称为复杂排序。进行复杂排序的关键是不仅要设置"主要关键字"的排序依据和次序,还要单击"添加条件"按钮,增加设置"次要关键字"的排序依据和次序。排序结果就是数据先根据主要关键字排序,当主要关键字相同时,再根据次要关键字排序,以此类推。

（3）自定义排序。

当简单排序和复杂排序都不能满足排序要求时,用户可以自定义排序。在以上出现的"排序"对话框中的"次序"选项中选择"自定义序列"即可进行相关操作。

例 2-14：在"员工考核表.xlsx"中记录了员工基本信息和考核分数,先查看总分最高的明细数据,然后如果总分相同则查看技术考核分数最高的数据。或者根据等级排序查看数据。

查看总分最高的数据,要得到这个数据,只需要根据总分字段对数据进行降序排序即可。打开"数据"选项卡,在"排序和筛选"组中单击"降序"按钮,如图 2-32 所示。

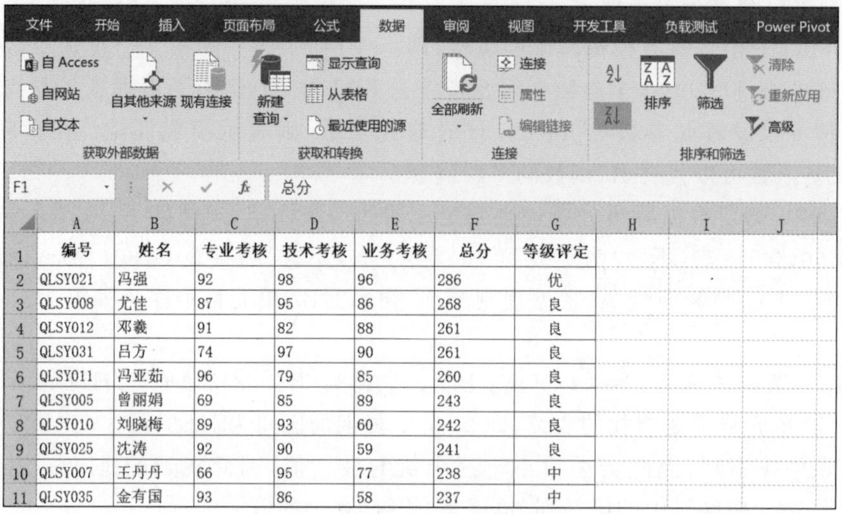

图 2-32 按总分成绩排序结果

如果总分相同则查看技术考核分数最高的数据,在上面操作的基础上,打开"数据"选项卡,在"排序和筛选"组中单击"排序"按钮,弹出"排序"对话框。在弹出的对话框中,单击"添加条件"按钮,添加次要关键字"技术考核",降序排列,如图 2-33 所示。

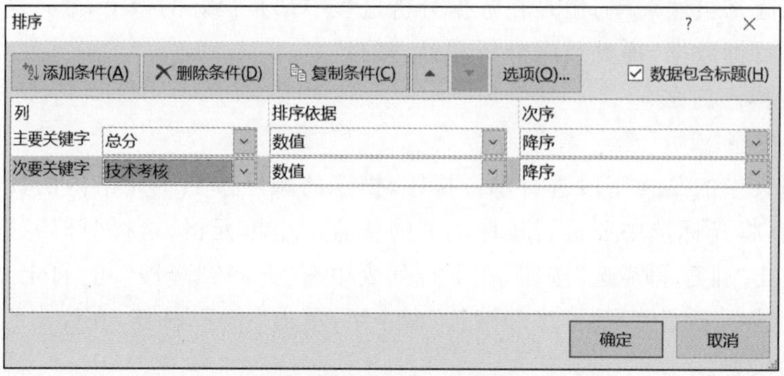

图 2-33 "排序"对话框

单击"确定"按钮。完成排序,排序结果如图 2-34 所示。

在"员工考核表"工作表中需要按照"优→良→中→合格→不合格"的顺序对表格数据进行排序,就需要通过自定义顺序来完成。

选择 G2 单元格,打开"排序"对话框。在主要关键字的"列"下拉框中选择"等级评定"选项,保持排序依据的默认设置,在"次序"下拉列表框中选择"自定义序列"命令,如图 2-35 所示。

在打开的"自定义序列"对话框的"自定义序列"列表框中选择"新序列"选项,在右侧的"输入序列"文本框中输入新序列"优,良,中,合格,不合格",如图 2-36(a)所示。单击"添加"按钮,在左侧"自定义序列"列表框中选择新添加的序列,单击"确定"按钮关闭对话框,如图 2-36(b)所示。

	A	B	C	D	E	F	G
1	编号	姓名	专业考核	技术考核	业务考核	总分	等级评定
2	QLSY021	冯强	92	98	96	286	优
3	QLSY008	尤佳	87	95	86	268	良
4	QLSY031	吕方	74	97	90	261	良
5	QLSY012	邓義	91	82	88	261	良
6	QLSY011	冯亚茹	96	79	85	260	良
7	QLSY005	曾丽娟	69	85	89	243	良
8	QLSY010	刘晓梅	89	93	60	242	良
9	QLSY025	沈涛	92	90	59	241	良
10	QLSY007	王丹丹	66	95	77	238	中
11	QLSY035	金有国	93	86	58	237	中
12	QLSY029	许昌华	68	97	71	236	中
13	QLSY015	赵仑	97	72	66	235	中
14	QLSY024	蒋小琴	83	64	88	235	中

图 2-34　按总分和技术考核成绩排序结果

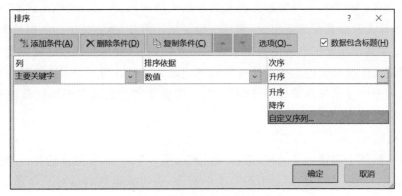

图 2-35　选择"自定义序列"命令

(a) 输入自定义序列

(b) 添加自定义序列

图 2-36　设置自定义序列

在返回的“排序”对话框的“次序”下拉列表框中选择“优，良，中，合格，不合格”选项，单击“确定”按钮，表格按照指定的序列进行排序，排序前后效果如图 2-37 所示。

	A	B	C	D	E	F	G
1	编号	姓名	专业考核	技术考核	业务考核	总分	等级评定
2	QLSY001	宋科	89	77	63	229	中
3	QLSY002	张涛	85	57	62	204	合格
4	QLSY003	刘唐	62	75	81	218	中
5	QLSY004	陈紫函	64	91	77	232	中
6	QLSY005	曾丽娟	69	85	89	243	良
7	QLSY006	刘杰	60	100	52	212	中
8	QLSY007	王丹丹	66	95	77	238	中
9	QLSY008	尤佳	87	95	86	268	良
10	QLSY009	陈洁	62	54	56	172	不合格
11	QLSY010	刘晓梅	89	93	60	242	良
12	QLSY011	冯亚茹	96	79	85	260	良
13	QLSY012	邓羲	91	82	88	261	良
14	QLSY013	李娟	58	85	59	202	合格

(a) 排序前

	A	B	C	D	E	F	G
1	编号	姓名	专业考核	技术考核	业务考核	总分	等级评定
2	QLSY001	宋科	89	77	63	229	中
3	QLSY002	张涛	85	57	62	204	合格
4	QLSY003	刘唐	62	75	81	218	中
5	QLSY004	陈紫函	64	91	77	232	中
6	QLSY005	曾丽娟	69	85	89	243	良
7	QLSY006	刘杰	60	100	52	212	中
8	QLSY007	王丹丹	66	95	77	238	中
9	QLSY008	尤佳	87	95	86	268	良
10	QLSY009	陈洁	62	54	56	172	不合格
11	QLSY010	刘晓梅	89	93	60	242	良
12	QLSY011	冯亚茹	96	79	85	260	良
13	QLSY012	邓羲	91	82	88	261	良
14	QLSY013	李娟	58	85	59	202	合格

(b) 排序后

图 2-37 通过自定义序列进行排序的前后效果对比

2. 数据的筛选方法

对于只保存了几条数据并且数据比较简单的表格而言，表格中的数据到底有多少、最大值/最小值是什么及要查找某条记录，都是一目了然。但是，当表格中的数据越来越多时，如果一味机械、手动地在密密麻麻的数据中查找需要的内容，效率太低。这时需要学会如何从众多的数据记录中快速挑选出指定分析的数据记录。这可以利用 Excel 的筛选功能。筛选就是从数据列表中显示满足符合条件的数据，不符合条件的其他数据则隐藏起来。筛选有自动筛选和高级筛选。

（1）自动筛选。

选择数据区域中的任一单元格，选择“数据”选项卡中的“排序和筛选”组，单击“筛选”按钮，数据列表中的每一个字段旁会出现一个小箭头，表明数据列表具有了筛选功能，再次单击“筛选”按钮则会取消筛选功能。单击要筛选的字段旁的下拉按钮，根据列中数据类型，在弹出的列表中可以选择“数字筛选”或“文本筛选”选项，以进行指定内容的筛选；或者利用搜索查找筛选功能，在搜索框中输入内容，然后根据指定的内容筛选出结果。

例 **2-15**：在“基本工资变动记录表.xlsx”中记录了员工基本信息和工资变动情况，筛选出销售部变动后基本工资“≥2500”和“<1500”（元）的人员数据，结果如图 2-38 所示。

	A	B	C	D	E	F	G
1	基本工资变动记录表						
2	员工编号	姓名	性别	部门	职务	原基本工资	变动后基本工资
3	YGBH2017061001	杨娟	女	销售部	销售部经理	¥ 3,000.00	¥ 3,500.00
4	YGBH2017061002	李丹	女	销售部	销售部副经理	¥ 2,000.00	¥ 2,500.00
6	YGBH2017061004	谢晋	男	销售部	销售人员	¥ 1,200.00	¥ 1,400.00
7	YGBH2017061005	曹密	男	销售部	销售人员	¥ 1,200.00	¥ 1,200.00

图 2-38 自定义筛选结果

① 选择数据区域中的任意一个单元格，选择“数据”选项卡中的“排序和筛选”组，单击

"筛选"按钮。

② 在"部门"字段的下拉列表中选择"销售部"。

③ 在"变动后基本工资"字段的下拉列表中,选择"数字筛选"中的"介于"命令,弹出"自定义自动筛选方式"对话框。

④ 在对话框中,设置"变动后基本工资"大于或等于 2500,或小于 1500,如图 2-39 所示,单击"确定"按钮完成筛选。

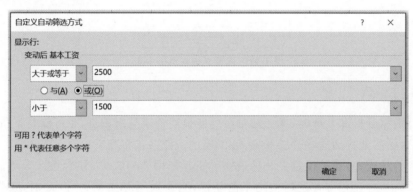

图 2-39 "自定义自动筛选方式"对话框

(2) 高级筛选。

对于筛选条件更为复杂的筛选,则需要用到高级筛选。使用高级筛选时,应选定一个区域作为条件区域,然后在条件区域分行输入要筛选的多个条件,处于同一行的筛选条件是"与"的关系,不在同一行的相互之间是"或"的关系。

例 2-16:在"基本工资变动记录表.xlsx"中记录了员工基本信息和工资变动情况,筛选出销售部原基本工资"≥2000"或职务是"市场部经理"的人员数据,结果如图 2-40 所示。

姓名	性别	部门	职务	原基本工资	变动后基本工资							
\multicolumn{13}{c}{基本工资变动记录表}
姓名	性别	部门	职务	原基本工资	变动后基本工资				筛选条件			
杨娟	女	销售部	销售部经理	￥3,000.00	￥3,500.00		部门	职务	原基本工资			
李丹	女	销售部	销售部副经理	￥2,000.00	￥2,500.00		销售部		>=2000			
张嘉	男	销售部	销售人员	￥1,200.00	￥1,600.00			市场部经理				
谢晋	男	销售部	销售人员	￥1,200.00	￥1,400.00							
曹密	男	销售部	销售人员	￥1,200.00	￥1,200.00		员工编号	姓名	性别	部门	职务	原基本工资	变动后基本工资
康小红	男	销售部	销售人员	￥1,200.00	￥1,500.00		YGBH2017061001	杨娟	女	销售部	销售部经理	￥3,000.00	￥3,500.00
马涛	女	市场部	市场部经理	￥3,000.00	￥3,500.00		YGBH2017061002	李丹	女	销售部	销售部副经理	￥2,000.00	￥2,500.00
张炜	男	市场部	市场部副经理	￥2,000.00	￥2,500.00		YGBH2017061007	马涛	女	市场部	市场部经理	￥3,000.00	￥3,500.00

图 2-40 高级筛选结果

① 在 L2:N5 单元格区域中创建"筛选条件"表格,在此单元格区域中设置"部门为销售部,原基本工资在 2000 以上,职务为市场部经理"的筛选条件。

② 单击"数据"→"排序和筛选"→"高级"按钮,在弹出的"高级筛选"对话框中,选中"列表区域",即需要高级筛选的数据区域,选择筛选设定的"条件区域"和指定高级筛选结果显示的起始区域,如图 2-41 所示。

图 2-41 设置高级筛选的参数

2.2.3 条件格式

在进行数据分析和处理时,操作的对象可能是某个或某组数据,也可能是某条或多条数据,为了一目了然地找到这些分析对象,可以通过条件格式将其突出显示出来。

所谓条件格式,是通过设定在某种条件下能起作用的格式,方便轻松区分不同数据、公式运算结果。通过设置带有逻辑值结果的条件,当逻辑运算结果为 True 时,条件成立,所设定了条件格式的区域便以某种格式显示。

例 2-17:在"产品年度销售额统计.xlsx"中记录了某些产品的型号,四个季度的销售额和年度总销售额,现在需要根据以下要求设置条件格式。

(1)使用条件格式标识出重复的值。

对于手动录入的数据源,可能由于人为因素造成数据的重复录入,为了数据的分析结果更准确,往往都会对数据源的重复记录进行清理,从而确保数据源中数据记录的唯一性。此时可以使用条件格式中的突出显示重复项功能来实现标示重复数据,然后进行手动删除。

在产品年度销售额统计表格中,名称、1~4 季度的销售额出现相同数据都是正常的,但是型号却是唯一的,因此通过判别型号是否重复来判断数据是否重复。

① 选择所有"型号"数据单元格,选择"开始"选项卡"样式"组中的"条件格式"→"突出显示单元格规则"→"重复值"命令,如图 2-42 所示。

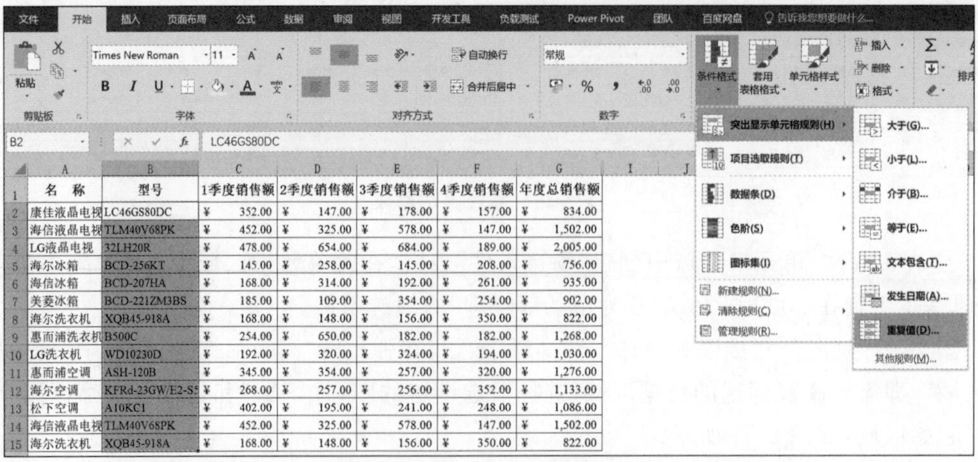

图 2-42 条件格式设置命令

② 在出现的"重复值"对话框的左侧下拉列表框中自动选择"重复"选项,在"设置为"下拉列表框中选择"浅红色填充"选项,如图 2-43 所示。

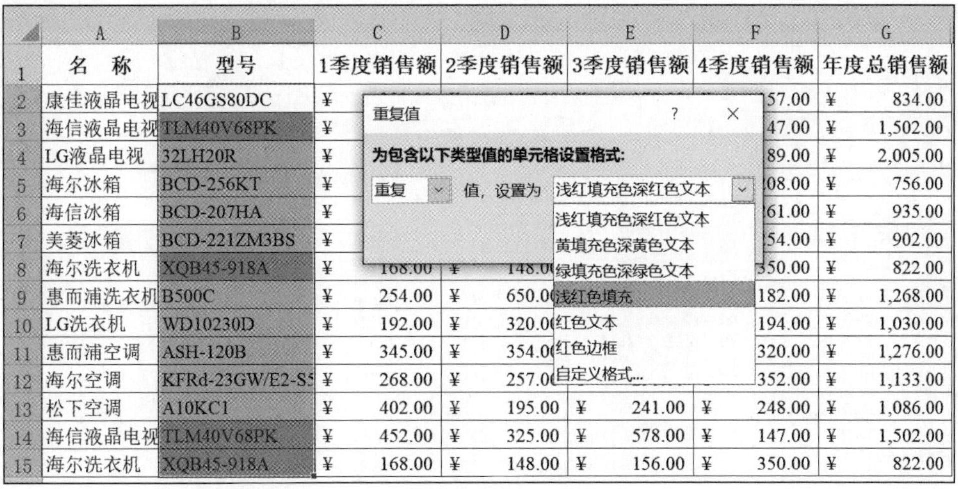

图 2-43　"重复值"对话框

(2) 用颜色和数据条表示数据的大小。

在分析数据的过程中,有时需要比较一下相邻几个单元格的大小,当数值比较大,但是相邻几个数据之间的差异不大时,可使用条件格式的色阶功能和数据条功能来直观比较数据大小。

色阶可以使用两种或三种颜色的渐变值来填充不同数值的单元格,用颜色的深浅表示数值的大小;数据条则是可以根据数据条的长短来表示单元格中的值。

在产品年度销售额统计表格中,对第一季度销售额数据设置蓝色数据条和对第二季度销售数据设置"绿-黄-红色阶"。

① 选择第一季度销售额数据单元格,选择"开始"选项卡"样式"组中的"条件格式"→"数据条"→"蓝色数据条"命令,如图 2-44 所示。

图 2-44　设置"数据条"条件格式

② 选择第二季度销售额数据单元格,选择"开始"选项卡"样式"组中的"条件格式"→"色阶"→"绿-黄-红色阶"命令,如图 2-45 所示。

图 2-45　设置"色阶"条件格式

(3) 用箭头符号表示数据的增减情况。

在 Excel 中,条件格式中还有一个图标集功能。该功能可以按阈值将单元格区域中的数据分为 3~5 个等级,并使用不同的图标标识每一个范围内的单元格。因此在比较相对大小时,也可以使用图标集功能来完成。

在产品年度销售额统计表格中,对年度总销售额设置图标集"四等级"。

选择年度总销售额数据单元格,选择"开始"选项卡"样式"组中的"条件格式"→"图标集"→"四等级"命令,如图 2-46 所示。

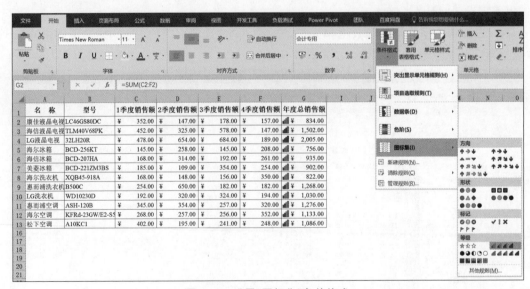

图 2-46　设置"图标集"条件格式

（4）自动显示符合条件的整条记录。

无论是突出显示规则、数据条、色阶，还是图标集，其都是针对在当前列中设置规则，处理当前列符合条件的数据。在实际的数据分析和处理中，需要在某列或者多列中设置条件，然后查看整条记录的数据。例如，在产品年度销售额统计表格中，当第 1 季度销售额低于200 且第 2 季度销售额也低于 200 时，将该商品名称所在记录的单元格使用黄色底纹突出显示出来，如图 2-47 所示。

	A	B	C	D	E	F	G
1	名　称	型号	1季度销售额	2季度销售额	3季度销售额	4季度销售额	年度总销售额
2	康佳液晶电视	LC46GS80DC	¥　352.00	¥　147.00	¥　178.00	¥　157.00	¥　834.00
3	海信液晶电视	TLM40V68PK	¥　452.00	¥　325.00	¥　578.00	¥　147.00	¥　1,502.00
4	LG液晶电视	32LH20R	¥　478.00	¥　654.00	¥　684.00	¥　189.00	¥　2,005.00
5	海尔冰箱	BCD-256KT	¥　145.00	¥　258.00	¥　145.00	¥　208.00	¥　756.00
6	海信冰箱	BCD-207HA	¥　168.00	¥　314.00	¥　192.00	¥　261.00	¥　935.00
7	美菱冰箱	BCD-221ZM3BS	¥　185.00	¥　109.00	¥　354.00	¥　254.00	¥　902.00
8	海尔洗衣机	XQB45-918A	¥　168.00	¥　148.00	¥　156.00	¥　350.00	¥　822.00
9	惠而浦洗衣机	B500C	¥　254.00	¥　650.00	¥　182.00	¥　182.00	¥　1,268.00
10	LG洗衣机	WD10230D	¥　192.00	¥　320.00	¥　324.00	¥　194.00	¥　1,030.00
11	惠而浦空调	ASH-120B	¥　345.00	¥　354.00	¥　257.00	¥　320.00	¥　1,276.00
12	海尔空调	KFRd-23GW/E2-S5	¥　268.00	¥　257.00	¥　256.00	¥　352.00	¥　1,133.00
13	松下空调	A10KC1	¥　402.00	¥　195.00	¥　241.00	¥　248.00	¥　1,086.00

图 2-47　突出显示符合条件的整条记录

默认情况下，直接使用条件格式中的突出显示规则不能完成，对于这种突出显示符合指定条件的数据记录，可以结合公式来自定义条件格式。

选定 A2:G13 区域，选择"开始"选项卡"样式"组中的"条件格式"→"新建规则"命令，打开如图 2-48 所示的"新建格式规则"对话框，选择"使用公式确定要设置格式的单元格"，并在"编辑规则说明"下方的文本框中输入公式"＝AND($C2＜＝200,$D2＜＝200)"；单击"格式"按钮设置黄色底纹。由于同行中的所有单元格使用的公式都是同一个公式，因此对于公式中的 AND() 函数的参数必须用成列为绝对引用、行为相对引用的混合引用方式。

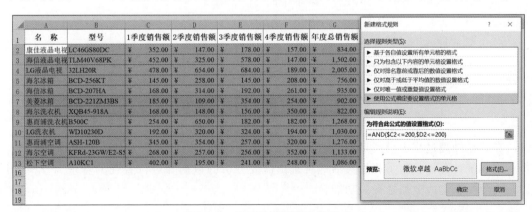

图 2-48　使用公式设置条件格式

2.2.4　习题与实践

（1）Excel 中，计算参数中所有数值的平均值的函数为（　　　　）。

A. SUM()   B. AVERAGE()   C. COUNT()   D. TEXT()

（2）单元格 C3 中输入公式为"=IF(AND(B3>=9.9,B3<=10.1),""合格"",""不合格"")"，若 B3 的值为 10，则单元格 C3 显示（   ）。

    A. 合格   B. 不合格   C. 10   D. 错误标记

（3）在 Excel 中，多个条件求和的函数是（   ）。

    A. SUMIFS   B. COUNTIFS   C. SUMIF   D. COUNTIF

（4）Excel 中的（   ）函数不能对文本数据进行截取。

    A. SUBSTR   B. LEFT   C. RIGHT   D. MID

（5）下列关于函数的输入叙述不正确的是（   ）。

    A. 函数参数必须用"()"括起来

    B. 函数有多个参数时，各参数间使用半角逗号进行分隔

    C. 函数的参数可以是数组、公式或其他函数

    D. 输入函数时不需要以"="开头

（6）在 Excel 中，若数据区域 A1:A50 存放着某班级 50 名学生的数学成绩，计算该班数学倒数第 2 名的成绩的公式为（   ）。

    A. =LARGE(A1:A50,2)   B. =SMALL(A1:A50,2)

    C. =SMALL(A1:A50)   D. =MIN(A1:A50,2)

（7）利用 Excel 软件对数据进行的排序不包括（   ）。

    A. 简单排序   B. 复杂排序   C. 单元格排序   D. 自定义排序

（8）使用高级筛选时，处于条件区域内同一行的条件是（   ）关系。

    A. 与   B. 或   C. 非   D. 与或

（9）筛选就是从数据列表中显示满足符合条件的数据，筛选有（   ）筛选和高级筛选。

    A. 自动   B. 手动   C. 低级   D. 简单

（10）在 Excel 中，自定义序列的完成是通过选择（   ）。

    A."编辑"菜单→"填充"子菜单中的"序列"命令

    B."工具"菜单中的"选项"命令

    C."插入"菜单→"名称"子菜单中的"定义"命令

    D."工具"菜单中的"自定义"命令

◆ 2.3 数据管理与统计

在数据处理过程中，针对同一数据资料，有时会根据不同的需求来对其中的某些数据进行管理和统计分析。为了更加灵活地挑选出需要分析的数据并进行直观的管理与分析，可以利用分类汇总或数据透视表功能。

2.3.1 分类汇总

在数据分析时，如果多条记录中的某个数据具有相同值，则将其整理到一起，归类分析才更有实际意义，而且通过归类数据，除了在汇总行能够看到按不同汇总方式得到的汇总结果，Excel 还根据显示数据的详细情况将汇总结果分为 3 个级别（如果创建多个分类汇总，

汇总级别会超过 3 个）。对于不同的汇总级别,其显示的数据内容不同,使用者可以根据需要按级别显示和隐藏数据。

例 2-18:在"新进员工档案管理.xlsx"中记录了新进员工的基本信息,现需要汇总各部门近期新进了多少员工,各部门新进员工的平均工资。其结果如图 2-49 所示。

	A	B	C	D	E	F	G	H
1	姓名	部门	性别	联系电话	身份证号码	出生年月	学历	基本工资
2	王海东	技术部	男	1359641****	69****19921209**9*	1992年12月09日	硕士	¥7,800
3	彭冲	技术部	男	1369787****	50****19720303**5*	1972年03月03日	专科	¥4,100
4	李晓芸	技术部	女	1531121****	10****19960906**6*	1996年09月06日	硕士	¥7,500
5		技术部 计数		3				
6		技术部 平均值						¥6,467
7	杨洋	市场部	男	1398066****	85****19761019**4*	1976年10月19日	专科	¥4,300
8	高欢	市场部	男	1531123****	10****19850922**8*	1985年09月22日	本科	¥5,500
9	谭佳佳	市场部	女	1324465****	76****19740322**6*	1974年03月22日	本科	¥5,700
10	杨桃	市场部	女	1324578****	74****19630123**8*	1963年01月23日	本科	¥5,600
11	黄燕	市场部	女	1531122****	10****19861006**7*	1986年10月07日	专科	¥4,300
12		市场部 计数		5				
13		市场部 平均值						¥5,080
22		销售部 平均值						¥4,946
30		行政部 平均值						¥5,800
31		总计数		21				
32		总计平均值						¥5,439

图 2-49　分类汇总结果

(1) 打开素材文件,先按"部门"进行排序。再选择任意数据单元格,单击"数据"选项卡的"分级显示"组中的"分类汇总"按钮,弹出"分类汇总"对话框。

(2) 在对话框中,选择"分类字段"为"部门","汇总方式"为"平均值","选定汇总项"中勾选"基本工资",其他默认,如图 2-50(a)所示,单击"确定"按钮。

(a) 按部门分类汇总基本工资平均值　　　(b) 按部门分类汇总人数

图 2-50　设置分类汇总依据

（3）再次单击"分类汇总"按钮，在弹出的"分类汇总"对话框中，将"分类字段"选择为"部门"，"汇总方式"选择为"计数"，"选定汇总项"中勾选"联系电话"，取消勾选默认的"替换当前分类汇总"复选框，如图 2-50(b)所示，单击"确定"按钮，完成分类汇总。

（4）单击左侧分级显示符中的"＋""－"按钮，显示/隐藏销售部和行政部的明细数据。

2.3.2　数据透视表与数据透视图

数据透视表是根据普通表格编出的汇总表，通过它不仅能方便地查看工作表的数据，还可以快速合并和比较数据，从而方便地对这些数据进行分析和处理。

数据透视图是针对数据透视表显示的汇总数据而实行的一种图解表示方法。数据透视图是基于数据透视表的，不能在没有数据透视表的情况下仅创建数据透视图。

1. 数据透视表

例 2-19：在"产品利润统计.xlsx"中记录了某卖场销售商品的利润的统计信息，利用数据透视表，汇总各类别商品 1 季度利润的总和，2 季度利润的平均值，3 季度利润的最大值，4 季度利润的最小值。其结果如图 2-51 所示。

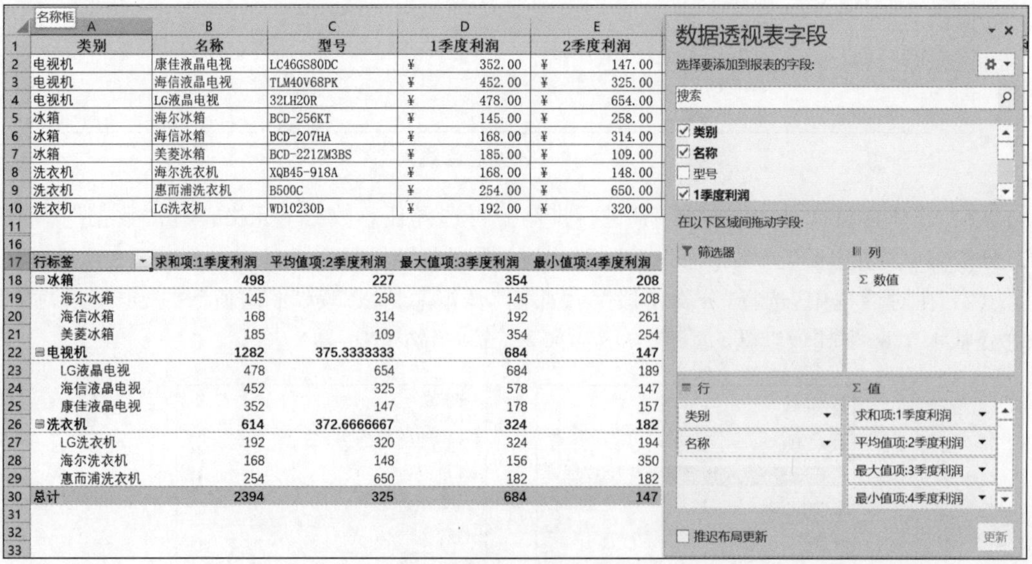

图 2-51　数据透视表结果

（1）将光标停在数据表中的任一单元格内。

（2）单击"插入"选项卡的"表格"组中的"数据透视表"按钮，弹出"创建数据透视表"对话框。

（3）在弹出的对话框中，系统会自动将单元格区域添加到"表/区域"文本框中，在"选择放置数据透视表的位置"选项中选择放置数据透视表的位置，可以放置到新工作表中，也可以放置在现有工作表中，如图 2-52 所示。单击"确定"按钮，出现"数据透视表字段"任务窗格和"数据透视表工具"选项卡。

（4）在"数据透视表字段"任务窗格中设置需要的选项。将"类别""名称"字段直接拖曳到"数据透视表字段"任务窗格的"行标签"处。

（5）将"1 季度利润"字段拖曳到"数据透视表字段"任务窗格的"数值"处。拖曳的数据项默认为"求和项",同样将"2 季度利润""3 季度利润""4 季度利润"字段拖曳到"数值"处,分别单击这些字段右侧的下拉箭头,在弹出的快捷菜单中选择"值字段设置"命令,在弹出的"值字段设置"对话框中,选择"计算类型"中的"平均值""最大值""最小值",如图 2-53 所示。

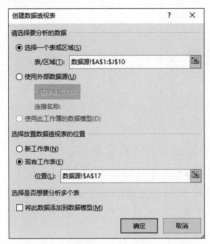

图 2-52　"创建数据透视表"对话框

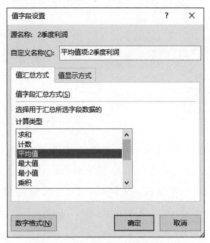

图 2-53　"值字段设置"对话框

默认情况下,系统会根据所选目标字段设置最合适的数据透视表布局格式,但是也可以根据实际需求修改数据透视表的布局和格式,让数据分析结果更加直观和清晰。将上面的数据透视表修改布局和格式后效果如图 2-54 所示。

17	类别	名称	求和项1季度利润	平均值项2季度利润	最大值项3季度利润	最小值项4季度利润
18	冰箱	海尔冰箱	145	258	145	208
19		海信冰箱	168	314	192	261
20		美菱冰箱	185	109	354	254
21	冰箱 汇总		498	227	354	208
22						
23	电视机	LG液晶电视	478	654	684	189
24		海信液晶电视	452	325	578	147
25		康佳液晶电视	352	147	178	157
26	电视机 汇总		1282	375	684	147
27						
28	洗衣机	LG洗衣机	192	320	324	194
29		海尔洗衣机	168	148	156	350
30		惠而浦洗衣机	254	650	182	182
31	洗衣机 汇总		614	373	324	182
32						
33	总计		2394	325	684	147

图 2-54　修改数据透视表布局和格式后结果

(1)设置单元格格式为数值不保留小数。

(2)将光标停在数据透视表中的任一单元格内,选择"数据透视表工具 设计"选项卡,在"布局"组中单击"报表布局"按钮,选择"以表格形式显示"选项,如图 2-55 所示。

(3)在"布局"组中单击"空行"按钮,在弹出的下拉列表中选择"在每个项目后插入空行"选项。自动在相邻的两个分组之间插入一行空行,从而让分组更加明显。

(4)在"数据透视表样式"组的列表框中选择一种合适的样式选项,为透视表快速进行美化操作。

在 Excel 中,如果同一工作表中创建了多个数据透视表,且这些数据透视表中具有相同的字段,此时要同时查看多个数据透视表中相同字段的数据,可以通过共享切片器的方式来

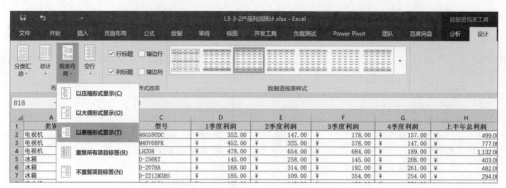

图 2-55　更改数据透视表的报表布局

完成。切片器就是数据透视表的筛选器，主要用于筛选符合条件的数据。

例 2-20：在"产品利润统计.xlsx"中记录了某卖场销售商品的利润的统计信息，分别创建两个数据透视表，一个汇总各类别商品 1~4 季度利润的总和，一个汇总各类别商品的上半年、下半年和年度利润总和。通过切片器进行筛选，筛选数据的前后效果对比如图 2-56所示。

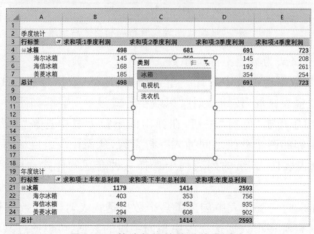

图 2-56　筛选数据的前后效果对比

（1）根据例 2-19 创建两个数据透视表，分别为季度统计——汇总各类别商品 1～4 季度利润的总和，年度统计——汇总各类别商品的上半年、下半年和年度利润总和。

（2）将光标停在数据透视表中的任一单元格内，选择"数据透视表工具 分析"选项卡，在"筛选"组单击"插入切片器"按钮，弹出对话框，在对话框中选中"类别"复选框，单击"确定"按钮创建一个类别切片器，如图 2-57 所示。

（3）选择"切片器工具 选项"选项卡，单击"切片器"组中的"报表连接"按钮，在弹出的对话框中选择需要共享切片器的数据透视表，单击"确定"按钮，实现切片器共享，如图 2-58 所示。

图 2-57　创建切片器

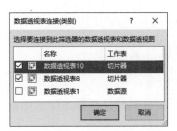

图 2-58　报表连接

（4）在显示的切片器中选择"冰箱"选项，如图 2-59 所示。系统自动将两个数据透视表中的"冰箱"类别的相关数据信息筛选出来，将其他数据隐藏。

	A	B	C	D	E	F
1						
2	季度统计					
3	行标签　▼	求和项:1季度利润	求和项:2季度利润	求和项:3季度利润	求和项:4季度利润	
4	⊟冰箱	498	681	691	723	
5	海尔冰箱	145	258	145	208	
6	海信冰箱	168	314	192	261	
7	美菱冰箱	185	109	354	254	
8	总计	498	681	691	723	
9					类别	
10					冰箱	
11						
12					电视机	
13						
14					洗衣机	
15						
16						
17						
18						
19	年度统计					
20	行标签　▼	求和项:上半年总利润	求和项:下半年总利润	求和项:年度总利润		
21	⊟冰箱	1179	1414	2593		
22	海尔冰箱	403	353	756		
23	海信冰箱	482	453	935		
24	美菱冰箱	294	608	902		
25	总计	1179	1414	2593		

图 2-59　共享切片器并筛选数据

2. 数据透视图

数据透视表虽然已能较全面地显示数据信息,但有时为了能让用户更直观地了解数据信息,还可以通过数据透视图来表示。

根据数据透视表创建数据透视图的方法是:在数据透视表中选择任意数据单元格,在"插入"选项卡的"图表"组中单击相应的按钮,选择需要的图表类型,或者单击"数据透视图"按钮下方的下拉按钮,在弹出的下拉菜单中选择"数据透视图"命令,在打开的"插入图表"对话框中选择需要的图表类型。或者在"数据透视表工具 分析"选项卡的"工具"组中单击"数据透视图"按钮,在打开的"插入图表"对话框中选择需要的图表类型,如图 2-60 所示。

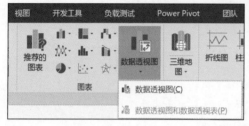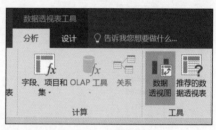

图 2-60　创建数据透视图的方法

2.3.3　习题与实践

1. 选择题

(1) Excel 分类汇总是对工作表中数据清单的内容进行(　　),然后统计同类记录的相关信息。

  A. 分类　　　　　　B. 计数　　　　　　C. 求和　　　　　　D. 筛选

(2) 在创建分类汇总前,必须根据分类字段对数据列表进行(　　)。

  A. 筛选　　　　　　B. 排序　　　　　　C. 计算　　　　　　D. 指定

(3) (　　)可以对大量数据进行快速汇总和建立交叉列表的交互式表格。

  A. 数据透视表　　　B. 分类汇总　　　　C. 筛选　　　　　　D. 排序

(4) 根据一个数据列表来制作"数据透视表"时,必须为数据透视表的"行标签""列标签""数值"在原始数据列表中(　　)。

  A. 指定某字段的三个值　　　　　　B. 各指定一个字段

  C. 指定某记录的三个数据项　　　　D. 各指定一个记录

(5) Excel 在制作数据透视图时(　　)。

  A. 必须对需要汇总的各列预先进行排序

  B. 对需要汇总的各列预先进行排序或不排序都可以

  C. 必须对需要汇总的主要关键字所在列预先进行排序

  D. 不能对需要汇总的各列预先进行排序

(6) 关于分类汇总,叙述正确的是(　　)。

  A. 分类汇总前首先应按分类字段值对记录排序

  B. 分类汇总可以按多个字段分类

  C. 只能对数值型字段分类

D. 汇总方式只能求和

(7) 在 Excel 数据透视表的数据区域默认的字段汇总方式是(　　)。

    A. 平均值　　　　　B. 乘积　　　　　C. 求和　　　　　D. 最大值

(8) 在 Excel 中,下面关于分类汇总的叙述错误的是(　　)。

    A. 分类汇总前必须按关键字段排序

    B. 进行一次分类汇总时的关键字段只能针对一个字段

    C. 分类汇总可以删除,但删除汇总后排序操作不能撤销

    D. 汇总方式只能是求和

2. 多选题

(1) 在 Excel 中,进行分类汇总时,需选择的内容是(　　)。

    A. 分类字段　　　　B. 汇总方式　　　　C. 选定汇总项　　　　D. 分类的行

    E. 分类的列

(2) 下列选项中可以作为数据透视表的数据源的有(　　)。

    A. Excel 的数据清单或数据库　　　　　　B. 外部数据

    C. 多重合并计算数据区域　　　　　　　　D. 文本文件

Excel 数据分析与可视化

本章概要

Excel 提供了强大的数据分析与可视化功能,可以利用数据分析工具来求解复杂问题,并且利用图表进行数据可视化。本章主要学习数据分析的基础知识以及常用的数据分析方法,以解决实际问题,并实现数据可视化。

学习目标

通过本章的学习,要求达到以下目标。

(1) 掌握单变量模拟运算表和双变量模拟运算表两种模拟运算表。

(2) 掌握单变量求解。

(3) 掌握利用数据分析工具进行数据分析和预测。

(4) 掌握利用图表进行数据可视化的方法。

◆ 3.1 数据分析

Excel 中提供了多种数据分析工具,可以方便、快速地解决较复杂的数据分析问题。例如,希望分析目标结果受一个或两个变量如何影响可以使用模拟运算表;已知目标结果,希望求解变量的值可以使用单变量求解;对历史数据进行预测可以使用移动平均或者指数平滑;希望分析两个变量之间的关系可以使用回归分析。本节将主要介绍 Excel 的数据分析高级应用。

3.1.1 模拟运算表

目标单元格是包含一个或多个单元格引用(变量)的公式或函数,模拟运算表可以分析计算当公式中的一个或两个变量变化时,目标单元格值的变化。

模拟运算表有两种类型:单变量模拟运算表和双变量模拟运算表。单变量模拟运算表中,用户可以对一个变量赋予不同的值,从而查看目标结果如何变化。双变量模拟运算表中,用户可以对两个变量赋予不同的值,从而查看目标结果如何变化。

例 3-1:打开"投资计划表.xlsx",用模拟运算表制作一张投资计划表,当每月可投资金额占月收入百分比变化时(15%,20%,25%,30%),计算投资的收益情况,计算结果为货币格式并保留两位小数,如图 3-1 所示。

	A	B	C	D	E
1	张先生投资计划表				
2	月收入	¥30,000.00			
3	每月可投资金额占比	20%			
4	利率(年)	3.0%			
5	期限(年)	1			
6					
7	投资比例改变				
8		15%	20%	25%	30%
9	¥72,998.30	¥54,748.72	¥72,998.30	¥91,247.87	¥109,497.44

图 3-1　单变量模拟运算表样张

解答：

（1）在 B8:E8 中创建模拟运算行参数单元格区域：在 B8 中输入 15%，C8 中输入 20%，自动填充到 E8。

（2）创建目标公式：在 A9 中输入公式：＝FV(B4/12,B5 * 12,B2 * B3)。FV(rate,nper,pmt,[pv],[type])是财务函数,主要作用是在基于固定利率及等额分期付款方式下,计算某项投资的未来值。rate 是各期利率(一个月为一期)。nper 是投资总期数。pmt 是各期所投资的金额,在整个投资期间保持不变。pv 是一系列投资的当前值的累积和,即从该项投资开始计算时已经入账的款项,如果省略 pv,则表示 pv 为 0。type 用以指定各期的付款时间是在期初(取值 1)还是期末(取值 0),如果省略 type,则表示 type 为 0。

（3）进行模拟运算：选择模拟运算区域 A8:E9,单击"数据"→"模拟分析"→"模拟运算表",在"输入引用行的单元格"中指定单元格$B$3(投资占比),如图 3-2 所示。

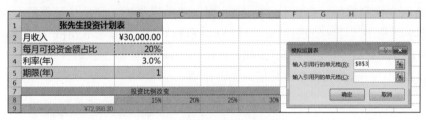

图 3-2　单变量模拟运算设置

（4）选中 A9:E9,右击,选择"设置单元格格式"命令,在"货币"中设置货币符号¥、小数位数 2。

例 3-2：打开"投资计划表.xlsx",用模拟变量表制作一张投资计划表,计算不同投资占比(15%,20%,25%,30%)和不同期限(1 年,2 年,3 年,4 年,5 年)的投资收益情况,计算结果为货币格式并保留两位小数,如图 3-3 所示。

	A	B	C	D	E
1	张先生投资计划表				
2	月收入	¥30,000.00			
3	每月可投资金额占比	20%			
4	利率(年)	3.0%			
5	期限(年)	1			
6					
12	投资比例和期限改变				
13	¥72,998.30	15%	20%	25%	30%
14	1	¥54,748.72	¥72,998.30	¥91,247.87	¥109,497.44
15	2	¥111,162.68	¥148,216.91	¥185,271.13	¥222,325.36
16	3	¥169,292.52	¥225,723.36	¥282,154.20	¥338,585.04
17	4	¥229,190.44	¥305,587.25	¥381,984.06	¥458,380.88
18	5	¥290,910.21	¥387,880.28	¥484,850.34	¥581,820.41

图 3-3　双变量模拟运算表样张

(1) 在 B13:E13 和 A14:A18 分别创建模拟运算行参数和列参数单元格区域。

(2) 创建目标公式：在 A13 中输入公式：＝FV(B4/12,B5 * 12,B2 * B3)。

图 3-4   双变量模拟运算表设置

(3) 进行模拟运算：选择模拟运算区域 A13:E18，单击"数据"→"模拟分析"→"模拟运算表"，在"输入引用行的单元格"中指定单元格$B$3(投资占比)，"输入引用列的单元格"文本框指定单元格$B$5(期限)，如图 3-4 所示。

(4) 选中 A13 和 B14:E18，右击，选择"设置单元格格式"命令，在"货币"中设置货币符号￥、小数位数 2。

3.1.2   单变量求解

目标单元格是包含一个或多个单元格引用(变量)的公式或函数，如果已知目标单元格的预期结果值，单变量求解可以计算出公式中某个变量的合适取值。例如，单变量求解经常用于一元方程的求解，已知方程 y＝f(x) 和 y 的值，求解 x 是多少。

例 3-3：打开"单变量求解.xlsx"，在"单变量求解 1"工作表的 B2 单元格中给出方程 $6x^4+2x^3-3x^2-3x=2$ 的一个解，如图 3-5 所示。

解答：

(1) 创建目标公式。在 B1 中输入公式：＝6 * B2^4＋2 * B2^3－3 * B2^2－3 * B2。

(2) 进行单变量求解。选择 B1，单击"数据"→"模拟分析"→"单变量求解"，"目标单元格"中指定单元格 B1(目标公式)，"目标值"为 2(目标结果)，"可变单元格"指定单元格$B$2(变量)，如图 3-6 所示。单击"确定"按钮，在 B2 单元格中显示方程的一个解。注意：一元多次方程的解不唯一，单变量求解只能返回一个解。

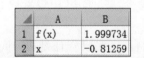

图 3-5   单变量求解方程样张

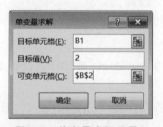

图 3-6   单变量求解设置 1

例 3-4：2019 年中国人口为 14 亿，如果控制人口在 2025 年不超过 15 亿，人口的年增长率应该控制为多少？打开"单变量求解.xlsx"，在"单变量求解 2"工作表中计算人口年增长率，如图 3-7 所示。

解答：

(1) 根据题目要求，在 B2、B4 单元格中分别输入 2019 年人口和增长年数。

(2) 创建目标公式：在 B5 中输入公式：＝B2 * (1＋B3)^B4。

(3) 进行单变量求解：选择 B5，单击"数据"→"模拟分析"→"单变量求解"，"目标单元格"中指定单元格 B5(目标公式)，"目标值"为 15(目标结果)，"可变单元格"指定单元格$B$3(变量)，如图 3-8 所示。单击"确定"按钮，在 B3 单元格中显示结果，并设置单元格格式为百分比，保留两位小数。

图 3-7　单变量求解人口年增长率样张

图 3-8　单变量求解设置 2

3.1.3　时间序列预测分析

预测（Forecast）是指用科学的方法预计、推断事物发展的必然性或可能性，即根据过去和现在预计未来。预测分析是一种常见的数据分析方法，可以根据历史数据（包括过去的和现在的），建立预测模型，应用预测分析工具，对预测对象的未来结果或趋势进行预测，从而减少对未来事物认识的不确定性，帮助人们制定决策。

1. 时间序列

时间序列是按事件发生的先后顺序排列起来的一组观察值或记录值。最早的时间序列分析可以追溯到 7000 年前的古埃及。古埃及人把尼罗河涨落的情况逐天记录下来，构成一个时间序列。通过对时间序列长期的观察，他们发现了尼罗河涨落的规律，从而提前预测尼罗河的涨落，安排农业生产，由此古埃及的农业迅速发展。中国的二十四节气是古代劳动人民通过观察太阳周年运动而形成的时间序列，图 3-9 展示了 2003—2008 年全国平均地表气温的二十四节气时间序列图。

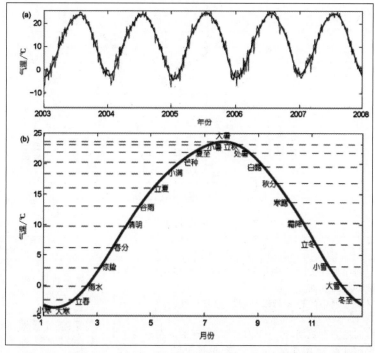

图 3-9　2003—2008 年全国平均地表气温的二十四节气时间序列图

时间序列中的时间可以是年份、季度、月份或其他任何时间形式。时间序列含有不同的成分,如趋势(如图 3-10 所示)、季节性(如图 3-11 所示)、周期性(如图 3-12 所示)和随机性,如表 3-1 所示。

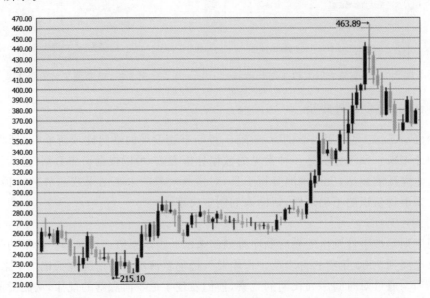

图 3-10　纸黄金价格走势图

图 3-11　某商品利润图

表 3-1　时间序列成分及特点

成　分	特　　点	示　例
趋势性	时间序列在长时期内呈现出来的某种持续上升或持续下降的变动 时间序列中的趋势可以是线性和非线性	纸黄金价格、产品销售、国内生产总值、股价
季节性	时间序列在短期内(一年内)重复出现的周期波动 旅游旺季、旅游淡季;销售旺季、销售淡季	气温、空气质量、降水量、旅客人数、季节性产品销售(冷饮、羽绒服等)、传染病传播

续表

成　分	特　点	示　例
周期性	时间序列中呈现出来的围绕长期趋势的一种波浪形或振荡式变动 一般周期在 2～15 年,循环的幅度和周期都不规则	太阳黑子、传染病流行
随机性/不规则性	偶然性因素对时间序列产生影响,致使时间序列呈现出某种随机波动,在时间序列中无法预计	股票市场中突然出现的利好或利空消息使股价产生的波动

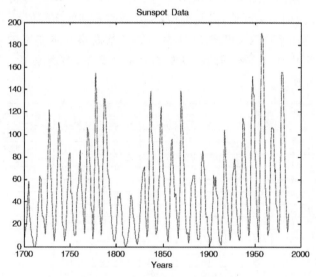

图 3-12　太阳黑子活动周期图

2. 时间序列预测分析方法

一般认为,事物的过去趋势会延伸到未来,实际数据的时间序列可以反映变量在一定时期内的发展变化趋势与规律,因此可以从时间序列中找出变量变化的特征、趋势以及发展规律,从而对变量的未来变化进行有效的预测。例如,企业记录了某商品第一个月,第二个月,……,第 N 个月的销售量,利用时间序列分析方法,可以对未来各月的销售量进行预测。

时间序列预测分析是一种常见的预测分析方法,根据已有的历史数据对未来进行预测,时间序列中的数据点越多,所产生的预测就越准确。

预测分析技术广泛应用于社会的方方面面,为金融、电信、医疗、零售业、制造业等众多领域的决策者提供决策支持。例如,在金融领域,人们可以使用预测分析技术预测金融市场趋势;零售业可以使用预测分析技术来预测库存数量,为优化管理库存提供帮助;在制造业领域,企业可以使用预测分析技术预测生产需求,从而控制成本、增加利润。

常用的时间序列预测的主要方法有:移动平均法、指数平滑预测法、季节变动预测法、自回归移动平均等。在 Excel 数据分析工具中集成了移动平均和指数平滑两种分析工具,可以对数据进行时间序列预测分析。

3.1.4　移动平均

移动平均法是一种常用的时间序列预测方法,主要是利用一组最近的实际数据值来预测未来的数据值,经常用于企业的需求量、销售量、销售额等预测。当产品需求或者销售量既不快速增长也不快速下降,且不存在季节性因素时,移动平均法能有效地消除预测中的随机波动。例如,移动平均法可以对企业未来的销售量进行预测,根据预测销量合理地安排生产、管理库存、制定营销策略,指导企业进行科学决策。

移动平均的计算公式如下:

$$P_t = \frac{S_{t-1} + S_{t-2} + \cdots + S_{t-n}}{n}$$

其中,P_t 是对未来一期的预测值(即移动平均值);n 是移动平均的时期个数;S_{t-1} 是前一期的实际值,S_{t-2} 是前两期的实际值,以此类推,S_{t-n} 是前 n 期的实际值。

例 3-5:打开"移动平均.xlsx",该文件中存放了某商家在本年度的 1～12 月份的销售额,请在 C、D、E 三列中计算在不同的移动平均时期个数下,该商家下一年度各月份的销售额预测值,如图 3-13 所示。

	A	B	C	D	E
1	月份	销售额(万元)	移动平均(间隔2)	移动平均(间隔3)	移动平均(间隔4)
2	1月	179	#N/A	#N/A	#N/A
3	2月	162	171	#N/A	#N/A
4	3月	177	170	173	#N/A
5	4月	173	175	171	173
6	5月	167	170	172	170
7	6月	186	177	175	176
8	7月	193	190	182	180
9	8月	188	191	189	184
10	9月	178	183	186	186
11	10月	182	180	183	185
12	11月	159	171	173	177
13	12月	167	163	169	172

图 3-13　移动平均样张

解答:

(1)本年度 1～12 月份商品的销售额变化平稳,没有快速下降和增长,因此可以应用移动平均进行销售额预测。

(2)单击"数据"→"数据分析",在"数据分析"对话框中选择分析工具"移动平均",如图 3-14 所示。

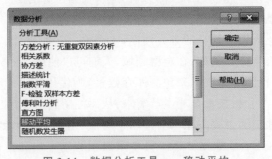

图 3-14　数据分析工具——移动平均

(3)在"移动平均"对话框中,"输入区域"指定本年度销售额单元格区域\$B\$2:\$B\$13,"间隔"为 2(即移动平均的时期个数 n),"输出区域"指定存放结果的单元格区域\$C\$2:\$C\$13,如图 3-15 所示,单击"确定"按钮,查看计算结果。

图 3-15　移动平均设置

注意：$n=2$ 时，1 月份无法计算移动平均值，显示错误信息 ♯N/A。

(4) 重复步骤(3)计算 $n=3$ 时的移动平均值。

注意：$n=3$ 时，1 月份和 2 月份无法计算移动平均值，显示错误信息 ♯N/A。

(5) 重复步骤(3)计算 $n=4$ 时的移动平均值。

注意：$n=4$ 时，1 月份、2 月份和 3 月份无法计算移动平均值，显示错误信息 ♯N/A。

通过例 3-5 可以看到，不同的移动平均时期个数对预测结果有影响，因此选择合适的移动平均时期个数至关重要。为了选择合适的移动平均时期个数，可以对历史数据设置不同的移动平均时期个数，和目前已知的数据进行对比，从而得出合适的移动平均时期个数。

3.1.5　指数平滑

1. 指数平滑概述

指数平滑由布朗(Robert G.Brown)提出，他认为时间序列的态势具有稳定性或规则性，所以时间序列可被合理地顺势推延；最近的过去态势，在某种程度上会持续到未来，并且近期数据比远期数据更重要。

指数平滑法是在移动平均法基础上发展起来的。移动平均法用一组最近的实际数据值来预测未来，但是并不考虑较远期的数据，在实际应用中不能客观地反映预测结果和数据趋势的变化；而指数平滑法并不舍弃过去的数据，对不同的历史数据给予不同的权重值，即离预测期较近的历史数据的权重值较大，离预测期较远的历史数据的权重值较小。指数平滑法通过计算指数平滑值，配合一定的时间序列预测模型对未来进行预测，其原理是任一期的指数平滑值都是本期实际观察值与前一期指数平滑值的加权平均。指数平滑法常用于中短期的企业生产、经济发展等趋势预测。

根据平滑次数不同，指数平滑法分为一次指数平滑法、二次指数平滑法和三次指数平滑法等。一次指数平滑法适用于水平型历史数据的预测，二次指数平滑法适用于线性趋势变化的历史数据的预测，三次指数平滑法适用于时间序列呈二次曲线趋势变化的预测。三种方法基本思想一致，本节只介绍一次指数平滑法和二次指数平滑法。

2. 一次指数平滑

一次指数平滑预测应用于时间数列无明显的趋势变化，一次指数平滑值计算公式为：

$$S_t^1 = \alpha y_t + (1-\alpha)S_{t-1}^1$$

根据指数平滑值进行预测,一次指数平滑预测公式为:

$$y_{t+1}^1 = \alpha y_t + (1-\alpha) y_t^1$$

变量和参数说明如下。

- y_t:第 t 期的实际值。
- S_t^1:第 t 期的一次指数平滑值。
- S_{t-1}^1:第 $t-1$ 期的一次指数平滑值。初始值 S_0^1 的设定需要从时间序列的项数来考虑:当数据较多的时候,初始值的影响可以逐步平滑而降低到最小,此时可以用第一个数据作为初始值。数据较少时,初始值的影响较大,可以取最初几个实际值的平均值作为初始值。
- y_{t+1}^1:第 $t+1$ 期的预测值。
- y_t^1:第 t 期的预测值,即一次指数平滑值 S_t^1。
- α:平滑系数($0 \leqslant \alpha \leqslant 1$),是第 t 期实际值和预测值的比例分配。用指数平滑法时,确定一个合适的平滑系数非常重要,不同的平滑系数对预测结果产生不同的影响。当时间序列有较大随机波动时,应该为近期数据赋予更大的权重,因此平滑系数应设置较大;反之,当时间序列比较平稳时,平滑系数应设置较小。在实际预测中,可以选取不同的平滑系数进行预测并比较预测结果,然后根据结果选择更符合实际的平滑系数值。一般情况下,α 的取值可以参考以下经验:当时间序列呈稳定的水平趋势时,α 应取较小值,如 $0.1 \sim 0.3$;当时间序列具有明显的上升或下降趋势时,α 应取较大值,如 $0.3 \sim 0.7$。

在一次指数平滑模型中,第 $t+1$ 期的预测值可以根据第 t 期的实际值和第 t 期的预测值计算得到。例如,某种产品销售量的平滑系数为 0.4,2017 年实际销售量为 50 万件,2017 年的预测值为 52 万件,那么 2018 年的预测销售量:50 万件×0.4+52 万件×(1-0.4)=51.2 万件。

例 3-6:打开文件"销量预测.xlsx",在"一次指数平滑"工作表中,根据表中 2008—2020 年商品的销量数据预测 2021 年商品的销量,如图 3-16 所示。

	A	B	C	D	E
1	销售量数据表		平滑系数		
2	年份	销售量(万个)	0.1	0.3	0.5
3	2008年	100	100	100	100
4	2009年	113	101	104	107
5	2010年	134	105	113	120
6	2011年	156	110	126	138
7	2012年	178	117	141	158
8	2013年	210	126	162	184
9	2014年	227	136	182	206
10	2015年	237	146	198	221
11	2016年	255	157	215	238
12	2017年	260	167	229	249
13	2018年	273	178	242	261
14	2019年	289	189	256	275
15	2020年	290	199	266	282
16	2021年		208	273	286

图 3-16 一次指数平滑预测销量样张

解答：

（1）为了分析平滑系数 α 不同取值的特点，分别取 $\alpha=0.1$，$\alpha=0.3$，$\alpha=0.5$ 计算一次指数平滑值。单击"数据"→"数据分析"，在"数据分析"对话框中选择分析工具"指数平滑"，如图 3-17 所示。

图 3-17 数据分析工具——指数平滑

（2）$\alpha=0.1$ 时，计算一次指数平滑值：在"指数平滑"对话框中，"输入区域"指定销售量单元格区域\$B\$3:\$B\$15，"阻尼系数"为 0.9（即 $1-\alpha$），"输出区域"指定存放结果单元格区域\$C\$2，如图 3-18 所示设置。单击"确定"按钮查看结果。注意，因为返回的第一个指数平滑值没有初始值，所以显示错误信息。将 C2 单元格中的内容改为"0.1"，将 C14 单元格公式复制到 C15，得到 2020 年的一次平滑指数值，设置所有的指数平滑值为整数。

图 3-18 指数平滑设置

（3）重复步骤（2），分别计算 $\alpha=0.3$ 和 0.5 时的一次指数平滑值。

（4）预测未来两年的销售量：当 $\alpha=0.1$ 时，在 C16 中输入公式：＝ROUND(\$B\$15 * C2+C15 * (1−C2),0)，得到 2021 年预测销量为 208 万个；将公式分别复制到 D17 和 E17 中，得到当 $\alpha=0.3$ 时，2021 年销量为 273 万个；$\alpha=0.5$ 时，2021 年销量为 286 万个。

根据例 3-6 可知，指数平滑法对实际序列具有平滑作用，如图 3-19 所示，平滑系数越小，平滑作用越强，但对实际数据的变动反应较迟缓。当时间序列的变动出现线性趋势时，用一次指数平滑法来进行预测将存在着明显的滞后偏差。因此，需要对一次指数平滑进行修正。

3. 二次指数平滑

一次指数平滑法通常适用于历史数据呈水平线变化的预测，不适用于历史数据呈线性

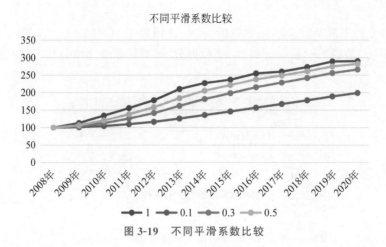

图 3-19   不同平滑系数比较

增长或减少变化的预测。二次指数平滑是对一次指数平滑的再平滑，它适用于具有线性趋势的时间序列，计算公式如下。

$$S_t^1 = \alpha y_t + (1-\alpha)S_{t-1}^1$$
$$S_t^2 = \alpha S_t^1 + (1-\alpha)S_{t-1}^2$$

变量和参数说明如下。

- y_t：第 t 期的实际值。
- S_t^1：第 t 期的一次指数平滑值。
- S_{t-1}^1：第 $t-1$ 期的一次指数平滑值。
- S_t^2：第 t 期的二次指数平滑值。
- α：平滑系数。
- S_{t-1}^2：第 $t-1$ 期的二次指数平滑值。

和一次指数平滑方法不同，二次指数平滑值并不用于直接预测，只是用来求出线性预测模型的参数，从而建立预测的数学模型，然后运用数学模型计算预测值。二次指数平滑的数学模型如下。

$$Y_{t+T} = a + bT$$
$$a = 2S_t^1 - S_t^2$$
$$b = \frac{\alpha}{1-\alpha}(S_t^1 - S_t^2)$$

例 3-7：打开文件"销量预测.xlsx"，在"二次指数平滑"工作表中，根据表中 2008—2020 年商品的销量数据预测未来两年商品的销量，如图 3-20 所示。

解答：

（1）由销售量数据表可以看出商品销售量呈线性增长趋势，因此应该对一次平滑指数值进行修正，应用二次指数平滑法进行预测。设置 $\alpha = 0.5$。单击"数据"→"数据分析"，在"数据分析"对话框中选择分析工具"指数平滑"。

（2）计算一次指数平滑值：在"指数平滑"对话框中，"输入区域"指定销售量单元格区域\$B\$3:\$B\$15，"阻尼系数"为 0.5，"输出区域"指定存放结果单元格区域\$C\$2，得到一次平滑指数值。将 C2 单元格中的内容改为"一次指数平滑"，将 C14 单元格公式复制到 C15，得

▲	A	B	C	D	E	F	G
1	销售量数据表		平滑系数	0.5		预测模型参数表	
2	年份	销售量(万个)	一次指数平滑	二次指数平滑		a	293.037
3	2008年	100	100	100		b	10.5286
4	2009年	113	107	103			
5	2010年	134	120	112			
6	2011年	156	138	125			
7	2012年	178	158	142			
8	2013年	210	184	163			
9	2014年	227	206	184			
10	2015年	237	221	203			
11	2016年	255	238	220			
12	2017年	260	249	235			
13	2018年	273	261	248			
14	2019年	289	275	261			
15	2020年	290	283	272			
16	2021年	304					
17	2022年	314					

图 3-20　二次指数平滑预测销量样张

到 2020 年的一次平滑指数值，设置所有的指数平滑值为整数。

（3）计算二次指数平滑值：在"指数平滑"对话框中，"输入区域"指定销售量单元格区域$C$3:$C$15，"阻尼系数"为 0.5，"输出区域"指定存放结果单元格区域$D$2，得到二次平滑指数值。将 D2 单元格中的内容改为"二次指数平滑"，将 D14 单元格公式复制到 D15，得到 2020 年的二次平滑指数值，设置所有的指数平滑值为整数。

（4）计算预测模型参数：在 G2 中输入公式＝$2*C15-D15$，计算参数 a。在 G3 中输入公式＝$D1/(1-D1)*(C15-D15)$，计算参数 b。

（5）计算销售量预测值：在 B16 中输入公式＝$ROUND(G2+G3,0)$，得到 2021 年销售量预测值为 304。在 B17 中输入公式＝$ROUND(G2+G3*2,0)$，得到 2022 年销售量预测值为 314。

3.1.6　回归分析

1. 回归分析概述

回归分析是一种常见的预测分析方法。回归（Regression）一词是由英国著名生物学家兼统计学家 Galton 在研究人类遗传问题时提出的。为了研究父代身高与子代身高的关系，Galton 收集了上千对父亲及其子女的身高数据。经过对数据的深入分析，发现了两者之间存在着一定的关系：父母的身高增加时，孩子的身高也倾向于增加。但是还有一个有趣的现象：父母高的孩子，平均身高没有他们父母的平均身高高；父母矮的孩子，平均身高却高于他们父母的平均身高。这是因为大自然具有一种神奇的约束力，人类身高的分布相对稳定而不产生两极分化，Galton 把子代身高会向平均身高靠近的趋势称为"回归"。

回归分析是为了寻找多个变量间相关关系的一种方法。它通过对变量数据的分析，去寻找隐藏在数据背后的相关关系，并用数学模型来描述这种关系，以便对未来进行预测。

回归分析中有两类变量：因变量（也称为响应变量）和自变量（也称为回归变量）。因变量通常是实际问题中所关心的一类指标，用 Y 表示。自变量是影响因变量取值的一个或多个变量，用 X 表示，如图 3-21 所示。例如，在产品的销售中，用户满意度对产品的销售至关重要，而产品的质量、价格、售后服务都会对满意度产生影响。因此，可以建立用户满意度与产品的质量、价格以及售后服务之间的回归模型,对用户的满意度进行预测,其中,用户满意度是因变量,产品的质量、价格、售后服务都是自变量。

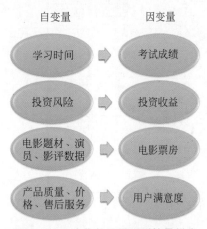

图 3-21　二次指数平滑预测销量样张

回归分析利用数学统计方法对数据进行处理,确定因变量与自变量之间的关系,建立变量之间的函数表达式,即回归方程,并将回归方程作为预测模型,根据自变量的未来变化预测因变量。

回归分析一般有以下两种分类方法。

(1) 根据因变量和自变量的个数划分。

① 一元回归分析:自变量只有一个。

② 多元回归分析:自变量有两个或两个以上。

(2) 根据因变量和自变量的相关关系划分。

① 线性回归分析:自变量和因变量是线性关系。

② 非线性回归分析:自变量和因变量是非线性关系。

回归分析的主要步骤如下。

(1) 根据预测目标,确定自变量和因变量。

明确预测的具体目标,也就确定了因变量。例如,预测目标是下一年度的销售量,那么销售量 Y 就是因变量。寻找与预测目标的相关影响因素,即自变量,并从中选出主要的影响因素,例如,影响销售量的主要因素有产品价格、产品质量、产品服务等。

(2) 建立回归预测模型。

依据自变量和因变量的历史数据进行计算,在此基础上建立回归分析方程,即回归分析预测模型。

(3) 进行相关分析,确定相关系数。

回归分析是对具有因果关系的自变量和因变量所进行的数理统计分析处理。只有自变量与因变量确实存在某种关系时,建立的回归方程才有意义。因此,作为自变量的因素与作为因变量的预测对象是否有关,相关程度如何,以及判断这种相关程度的可靠性多高,是进行回归分析必须要解决的问题。进行相关分析,一般要求出相关关系,以相关系数的大小来判断自变量和因变量的相关程度。

(4) 检验回归预测模型,计算预测误差。

回归预测模型是否可用于实际预测,取决于对回归预测模型的检验和对预测误差的计算。回归方程只有通过各种检验,且预测误差较小,才能将回归方程作为预测模型进行预测。

(5) 计算并确定预测值。

利用回归预测模型计算预测值,并对预测值进行分析,确定最后的预测值,并计算预测值的置信区间。

2. 回归分析模型

回归分析模型描述了自变量(X)与因变量(Y)之间的关系,可以表示为:

$$Y = f(X) + e$$

其中,$f(X)$ 是自变量 X(一个或多个)的函数;e 是随机误差变量,表示其他未知的因素或随机因素对因变量 Y 产生的影响。本节只讨论自变量为一个的一元回归分析模型。

根据 $f(X)$ 不同,回归分析模型主要可以分为线性回归、对数回归、指数回归、幂次回归和多项式回归。

(1) 线性回归。

线性回归的回归线是线性的,是最常用的回归模型之一,如图 3-22 所示。线性回归使用最佳的拟合直线(也就是回归线)在因变量 Y 和自变量 X 之间建立一种关系,表示如下:

$$Y = b_0 + b_1 X$$

参数说明如下。

b_0、b_1:回归系数。对于线性回归线来说,b_0 表示直线的截距,b_1 表示直线的斜率。

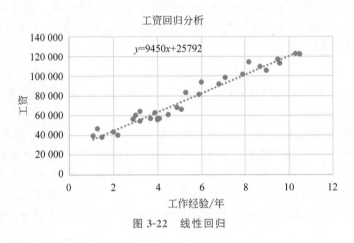

图 3-22　线性回归

(2) 多项式回归。

对于一个回归方程,如果自变量的指数大于 1,那么它就是多项式回归,表示如下。

$$Y = b_0 + b_1 X + b_2 X^2 + \cdots + b_n X^n$$

在多项式回归中,最佳拟合线不是直线,而是一条曲线,图 3-23 给出了一个数据点拟合的多项式回归方程。

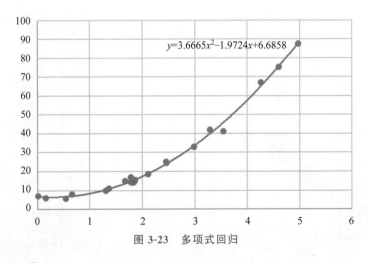

图 3-23　多项式回归

(3) 其他回归模型。

除了线性回归和多项式回归,还可以建立其他的回归模型,如表 3-2 所示。

表 3-2　回归模型

回归模型	模型表示
对数回归	$Y=b_0+b_1\ln(X)$
指数回归	$Y=b_0\exp(b_1X)$
幂次回归	$Y=b_0X^{b_1}$

在 Excel 中,可以给图表添加趋势线进行回归分析,Excel 中提供了线性、多项式、对数、指数、幂次等多种趋势线(即回归线)。

例 3-8:客服中心客户电话的接听数量与回访数量之间存在着一定关系,打开文件"客服中心接听与回访数据.xlsx",通过回归分析,生成接听量与回访量之间的回归方程,并根据接听量对回访量进行预测。

解答:

① 选中接听量和回访量两列数据,插入散点图,如图 3-24 所示,从图中可以看出,回访量和接听量之间呈明显的线性关系。

② 添加趋势线(即回归方程):选择"图表工具"→"设计"→"添加图表元素"→"趋势线"→"其他趋势线选项",在"设置趋势线格式"面板中选择"线性"回归分析,并选中"显示公式""显示 R 平方值"复选框,如图 3-25 所示。R 平方值反映了回归线的估计值与对应的实际数据之间的拟合程度,可以作为模型拟合度优劣的度量,用于评价模型的可靠性,取值范围为 0~1。R 平方值越大,表明数据的拟合程度越高,因变量和自变量之间的相关性越大。

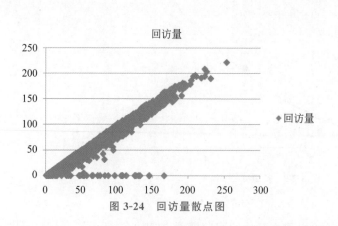

图 3-24　回访量散点图

图 3-25　设置趋势线格式

③ 利用回归方程进行预测：步骤② 为散点图中添加的线性趋势线如图 3-26 所示，回访量与接听量间的线性回归方程为 $y = 0.8966x - 1.0161$，x 表示接听量，y 表示回访量。R^2 为 0.9748，表示数据拟合程度达到 97.48%，拟合程度高，说明接听量与回访量之间存在着线性关系，可以通过回归方程根据接听量预测回访量。例如，如果客服人员接听量为 50 个，那么预测回访量为 44 个。如果回访量低于 44，说明回访量没有达标。

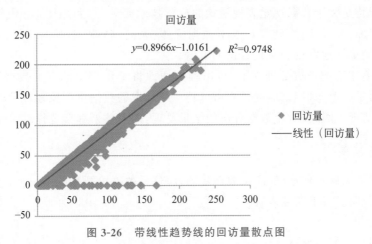

图 3-26　带线性趋势线的回访量散点图

3.1.7　习题与实践

1. 填空题

(1) 模拟运算表最多能解决_____个变量对于计算结果的影响问题。

(2) 按因变量和自变量之间关系，回归分析可以分为线性回归和_____。

(3) 时间序列含有的成分包括趋势、_____、_____和随机性。

(4) 当历史数据呈线性上升趋势时，应该使用_____指数平滑进行预测。

(5) _____是根据目标结果来倒推生成该结果的输入值，属于一种"逆"运算。

2. 选择题

(1) 以下数据分析工具中，通常用于预测分析的为(　　)。

　　A. 方差　　　　　　B. 百分比排位　　　C. 相关系数　　　　D. 移动平均

(2) 以下可用来解决曲线拟合问题的是(　　)。

　　A. 移动平均　　　　B. 指数平滑　　　　C. 回归分析　　　　D. 单变量求解

(3) 单变量求解就是求解具有(　　)个变量的方程。

　　A. 1　　　　　　　B. 2　　　　　　　　C. 3　　　　　　　　D. 任意

(4) 关于模拟运算表，以下叙述正确的是(　　)。

　　A. 在引用列变量的单变量模拟运算表中，计算公式一定位于变量列的右上角单元

　　B. 在引用行变量的单变量模拟运算表中，计算公式一定位于变量列的左下角单元

　　C. 在双变量模拟运算表中，计算公式一定位于模拟运算表左上角行变量和列变量交叉单元格

　　D. 模拟运算表可以删除其中某个格的值

(5) 进行单变量求解的时候，需要设置的参数包括目标单元格、可变单元格和(　　)。

A. 目标值 　　　　　　　　　　B. 输入行引用的单元格

C. 输入列引用的单元格 　　　　　D. 结果单元格

◆ 3.2　数据可视化

　　数据可视化是关于数据视觉表现形式的科学技术研究,它利用图形、图像处理、计算机视觉及用户界面,通过表达、建模以及对数据立体、表面、属性、动画的显示,加以可视化解释,以便于人们更好地发现和利用数据的价值。

　　Excel 具有很强的图表处理功能,可以很方便地将工作表中的有关数据制作成专业化的图表。图表是一个图形对象,通过它可以将一组枯燥的数据更形象地展示出来,让他人看得更直观、更清晰。因此,对于数据分析的结果呈现,大多数人都会选择以图表来反映数据。

3.2.1　可视化基础

　　要使用图表来展示数据,就必须要创建图表,这是数据可视化的第一步。但是在创建图表之前,首先要明确以下四点内容。

1. 图表类型

　　图表类型一定要与分析需求一致。只有使用的图表类型与需求分析一致,才能更好地反映数据的分析结果,因此有必要了解数据与图表之间的各种关系,如表 3-3 所示。

表 3-3　不同关系对应的图表类型

数据关系	对应的图表类型		说　　明
比较关系	柱形图		柱形图是使用最频繁的图表类型,用于显示一段时间内的数据变化或显示各项数据之间的比较情况。由于柱形图可以通过数量来表现数据之间的差异,因此被广泛地应用于时间序列数据和频率分布数据的分析
	条形图		条形图也是用于显示各项数据之间的比较情况,但它弱化了时间的变化,偏重于比较数量大小
趋势关系	折线图		折线图是以折线的方式展示某一时间段的相关类别数据的变化趋势,强调时间性和变动率,适用于显示与分析在相等时间段内的数据趋势
	面积图		面积图主要是以面积的大小来显示数据随时间而变化的趋势,也可表示所有数据的总值趋势
占比关系	饼图		饼图一般用于展示总和为 100% 的各项数据的占比关系,该图表类型只能对一列数据进行比较分析
	环形图		要对包含多列的目标数据进行占比分析可以使用系统提供的圆环图来详细说明数据的比例关系。它由一个或者多个同心的圆环组成,每个圆环表示一个数据系列,并划分为多个环形段,每个环形段的长度代表一个数据值在相应数据系列中所占的比例。此外,在表格中从上到下的数据记录顺序,在圆环图中对应从内到外的圆环
其他关系	雷达图		在对同一对象的多个指标进行描述和分析时,可选用该类型的图表,使阅读者能同时对多个指标的状况和发展趋势一目了然
	XY散点图	散点图	散点图将沿横坐标(X轴)方向显示的一组数值数据和沿纵坐标轴(Y轴)方向显示的另一组数值数据合并到单一数据点,并按不均匀的间隔或簇显示出来,常用于比较成对的数据,或显示独立的数据点之间的关系

续表

数据关系	对应的图表类型		说　明
其他关系	XY 散点图	气泡图	气泡图是散点图的变体,因此,其要求的数据排列方式与散点图一样,即确定一行或一列表示 X 轴数值,在其相邻的一行或一列表示相应的 Y 轴数值
	股价图		股价图主要用于展示股票价格的波动情况,若要在工作表中使用股价图,其数据的组织方式非常重要,必须严格按照每种图表类型要求的顺序来排列
	旭日图		旭日图非常适合显示分层数据,并将层次结构的每个级别均通过一个环或圆形表示,最内层的圆表示层次结构的顶级(不含任何分层数据的旭日图与圆环图类似)。若具有多个级别类别的旭日图,则强调外环与内环的关系
	树状图		树状图是一种直观和易读的图表,所以特别适合展示数据的比例和数据的层次关系。如分析一段时期内什么商品销量最大、哪种产品赚钱最多等
	箱型图		箱型图不仅能很好地展示和分析出数据分布区域和情况,而且能直观地展示出一批数据的"四分值"、平均值以及离散值
	瀑布图		瀑布图是由麦肯锡顾问公司所独创的图表类型,因为形似瀑布流水而称为瀑布图(Waterfall Plot)。此种图表采用绝对值与相对值结合的方式,适用于表达数个特定数值之间的数量变化关系

2. 图表标题

图表标题是传达图表内容的第一手信息,一定要谨慎和仔细,如果图表标题设置得不合适,不仅不能很好地传递信息,而且容易让他人曲解。

3. 图表大小

图表大小不合适会影响数据结果的分析,尤其对于数据多的图表,过小的图表会让数据挤在一起,不易阅读。

4. 图表位置

图表的位置要根据分析目的来确定,一般情况下是浮在数据表中,如果单独放大查看图表,可以将其移动到图表工作表中。

由此可见,要创建一个图表至少要经过如上 4 个过程,下面以在"国内生产总值数据"工作表中使用图表来分析 2016—2020 年国内生产总值和增长率数据为例。

例 3-9:在"国内生产总值数据.xlsx"中记录了 2016—2020 年国内生产总值和增长率的基本信息,现使用图表来分析国内生产总值和增长率数据。其结果如图 3-27 所示。

(1) 选择 A2:C7 单元格区域,打开"插入"选项卡,在"图表"组中单击"对话框启动器"按钮,在打开的"插入图表"对话框中打开"所有图表"选项卡,在其中选择需要的图表类型。由于需要分析两组数据系列,所以采用不同的图表类型来区别这两组数据系列。国内生产总值数据系列用簇状柱形图图表类型,增长速度数据系列用折线图图表类型,所以选用的图表类型为"组合"。

(2) 由于国内生产总值数据和增长速度数据两组数量单位不同,绘制到同一个图表中,增长速度数据较小不能正常显示,为了方便查看和分析每个数据系列的数据,需要为增长速度数据系列指定添加一个次坐标轴,如图 3-28 所示。

图 3-27　国内生产总值和增长率组合图

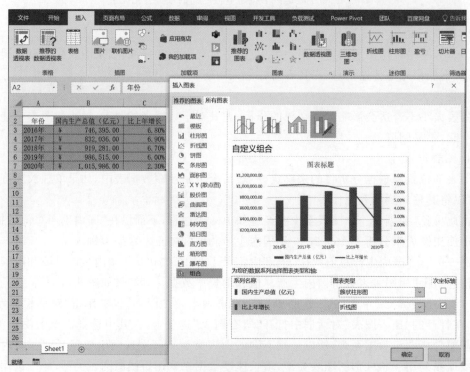

图 3-28　选择图表类型并添加次坐标轴

（3）在返回的工作表中即可查看到创建的图表，为图表添加标题——"2016 年至 2020
年国内生产总值及其增长速度"，调整图表大小、位置。

（4）对图表进行美化。选择图表，打开"图表工具 设计"选项卡，在"图表样式"组的列表框中选择"样式 6"。右击图表,在弹出的菜单中选择"设置图表区域格式"命令,在弹出的对话框中选择"图表选项"→"边框"→"圆角",如图 3-29 所示。

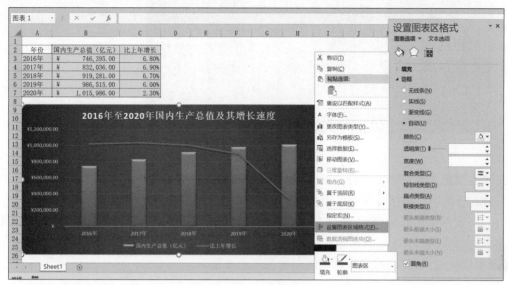

图 3-29　设置圆角

(5)选择图表,单击图表右上角的"+"按钮,在展开的菜单中将鼠标光标移动到"图例"选项上,单击其右侧按钮,在弹出的子菜单中选择"顶部"选项即可将图例位置从底部显示变为从顶部显示,如图 3-30 所示。

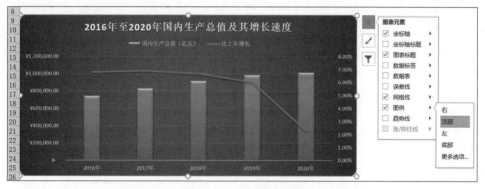

图 3-30　改变图例位置

(6)在图表中,所有的数据都通过 Excel 自动转换为相对大小的图形,如果需要查看指定数据系列精确的数值,可以借助数据标签来辅助查看。在图表中选择国内生产总值数据系列,单击图表右上角的"+"按钮,在展开的菜单中将鼠标光标移动到"数据标签"选项上,单击其右侧按钮,在弹出的子菜单中选择"居中"选项即可,同样也可为增长率添加数据标签,如图 3-31 所示。

美化图表的方法有很多种,可以设置图表的样式还有设置形状效果,更改布局样式及设置艺术效果的图表标题等。但是需要注意以下两点。

(1)多种色块不要过多。

当需要在图表的多个较大区域使用颜色时,这个颜色不要太抢眼,而且在一张图表中,

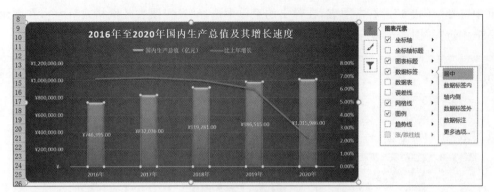

图 3-31　添加数据标签

大区域的颜色块最好不要多种一起使用,这样会使图表显得五花八门。

（2）绘图区与数据系列颜色要有反差。

用图表图示化数据,最主要是在绘图区中观察数据系列的变化情况,因此,无论图表区采用什么颜色,绘图区与数据系列的颜色都要有明显的反差,否则将影响他人阅读图表数据,要形成反差,最便捷的方式就是使用深浅颜色搭配。

3.2.2　可视化看板

数据可视化,是把相对复杂、抽象的数据,通过可视的方式,以让人们更易理解的图形展示出来的一系列手段。而可视化看板是数据可视化的载体,通过合理的页面布局、效果设计,将可视化数据更直观、更形象地展现出来。

可视化看板一般用作后台系统的首页,或者作为系统的其中一个模块,呈现当前业务、运营相关的数据和图表,方便实时掌握业务情况,并能够支持业务决策。除了数据看板,还有数据大屏、管理驾驶舱、城市大脑等类似产品。

可视化看板可以通过多个图表、文字等形式的信息集合,实现对数据的监控、汇总、分析等目标。如何设计有价值且美观的看板,可以遵循以下五个原则。

1. 明确需求

可视化看板的意义是通过数据可视化的形式,汇总整理多个数据图表,整体反映问题,所以在可视化看板制作之前,首先需要明确查看该看板的用户需求,一般可以根据受众,以及看板需求来划分。

1）受众需求

（1）领导/管理者：他们更看重整体的数据情况,关注核心指标的对比、变化,所以需要重点突出例如总收入、利润、同比情况等。同时最好也提供一定的可查询下钻的明细数据,便于发现问题。

（2）业务人员：对于业务人员来说,他们需要根据数据及时复盘自己的工作,所以就需要更加细节和明细的数据,在看板中需要对数据进行细分,便于查找。

2）看板需求

（1）日常监控：数据的日常监控,需要从时间维度上细化至今日、本周、本月等,方便对比近期数据和同环比等数据,及时发现数据的变化。

（2）数据汇报：如果是用来呈现数据的周报、月报、年度汇报的,就需要在看板中进行数据的汇总、重要动作的数据复盘等,维度就要更高。

另外,也可以根据分析内容的不同,对看板进行区别定义。例如,在零售行业的分析中,通常会从"人货场"的角度去分析,那么我们的看板就可以针对人、货、场分别设置,而不能一股脑地都放在一个看板上。

2. 数据定义统一

同一个数据看板中,最好对数据的定义保持统一,例如,对活跃用户的定义指的是当天登录过的,还是最近 7 天登录次数大于 4 次的;新会员用户的"新"指的是付费时间还是注册时间;销售额指的是折扣前还是折扣后,对于数据的定义保持统一才能不产生误解,为此可以在数据看板角落里增加一些指标注释,方便观众理解。

除了数据的定义统一,在一个看板里对于同一数据维度的颜色设置,建议也保持统一,颜色设置通常是更加清晰地区分不同维度的数据,如果同一类型数据颜色设置不同,会造成混乱。

3. 选择适宜图表

可视化看板的制作开始经常会被各种各样的炫酷图表吸引,希望图表做得高级、复杂,但是在工作场景下,对于观看的人来说,准确而清晰的表达问题才是可视化最重要的意义。

那众多的图表类型该如何选择,在前面详细讲到了,不同图表表现的数据关系不同,总的来说,分为对比、关系、构成、分布四大类,根据需要表达的数据关系,选择适合的图表非常重要,如图 3-32 所示。

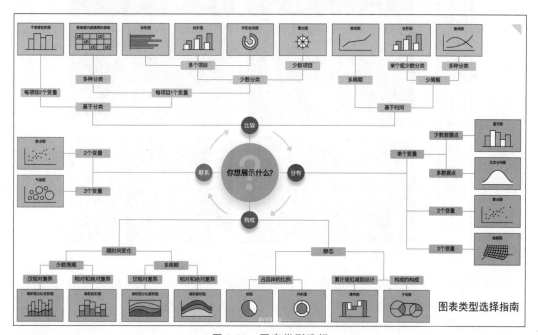

图 3-32　图表类型选择

4. 适度原则

在看板设计中有很多种方法可以使看板的表达更丰富,例如,多图表、多颜色、多对比等,但是删繁就简,保持看板的清晰明确就需要坚持适度原则。

1）适度的数据维度

在数据收集中会尽可能多地获取数据，避免问题遗漏，但是在看板展示中，并不需要将所有数据的变化都展示出来，针对分析需求，挑选合适的维度进行分析即可。

2）适度的颜色设置

在设置颜色时，不仅需要考虑数据的表达，同时需要注意视觉效果，例如，避免使用过于明亮、饱和度过高的颜色。

5. 增加图表互动

制作可视化看板，除了视觉效果更加美观外，方便操作的多种看板互动功能也是重要技能之一，例如图表的关联、筛选、高亮等。

例 3-10：在"超市.xlsx"中记录了 2020 年某零售公司销售商品的基本信息，现通过可视化看板来分析 2020 年超市的商品销售情况，其结果如图 3-33 所示。

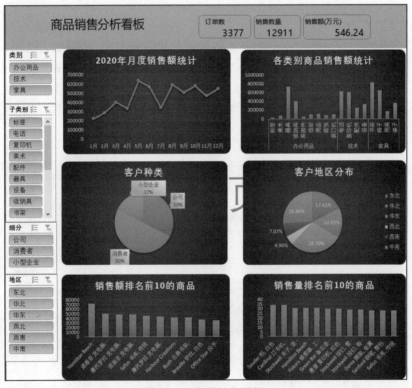

图 3-33　商品销售看板

对于零售行业的数据分析一般从"人货场"的角度去分析，根据现有的数据维度，选取了时间、商品分类、客户群分布等维度，度量则是选取销售量和销售额。

（1）订单数、销售数量、销售额基本 KPI 信息。

在订单表中选中任一单元格打开"插入"选项卡，单击"数据透视表"，插入新的数据透视表。将"订单 ID""数量""销售额"分别拖曳到数据透视图字段的"值"区域中，得到订单数、销售数量、销售额合计数值，如图 3-34 所示。

将数据透视表的数据复制，以粘贴链接的形式将数据复制到新的单元格中，并设置字体大小和外框进行美化。（此数据统计也可利用公式完成。）

图 3-34　KPI 数据透视表

（2）月度销售额和分类别商品销售额。

在订单表中选中任一单元格打开"插入"选项卡，单击"数据透视表"，插入新的数据透视表。将"订单日期""销售额"分别拖曳到行区域和值区域，得到新的数据透视表，如图 3-35 所示。

图 3-35　销售额数据透视表

选中数据透视表中任一单元格右击,在弹出的菜单栏中选择"创建组"命令,在弹出的对话框中选择"月",如图 3-36 所示。

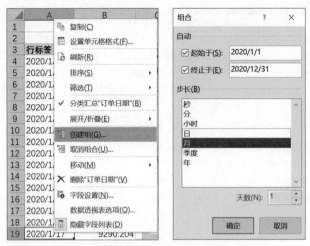

图 3-36 创建组

选中分组后的数据透视表,在"数据透视表工具"组中选择"分析"菜单栏,在"工具"组中单击"数据透视图",插入"簇状柱形图",如图 3-37 所示。

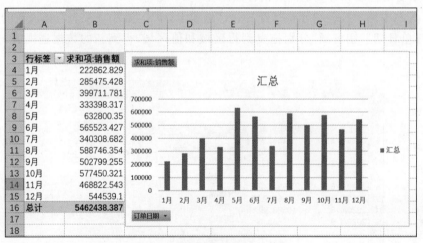

图 3-37 月度销售额簇状柱形图

选择柱状图在菜单栏的"数据透视表工具"的"分析"组中,单击"字段"按钮,图表上的"求和项:销售额"和"订单日期"隐藏。单击图表右上角的"+",在弹出的菜单中将图例隐藏。为图表选择合适的图表样式,最后的结果如图 3-38 所示。

分类别商品销售额图和月度销售额图做法类似,数据透视字段行区域为"类别"和"子类别"。最后结果如图 3-39 所示。

(3) 客户种类和客户区域分布。

客户种类和客户区域分布的图表做法和上面的销售额图一致,主要的区别是设置"求和项:销售额"的值字段显示方式。单击数据透视图字段值区域"求和项:销售额"右边的下拉箭头,在弹出的对话框中将值显示方式设为"总计的百分比",如图 3-40 所示。

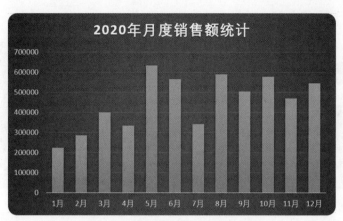

图 3-38　2020 年月度销售额统计图

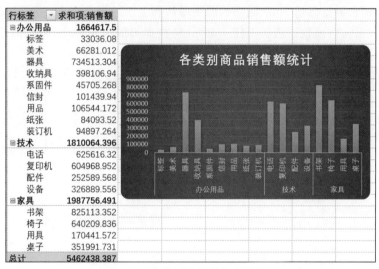

行标签	求和项:销售额
⊟办公用品	1664617.5
标签	33036.08
美术	66281.012
器具	734513.304
收纳具	398106.94
系固件	45705.268
信封	101439.94
用品	106544.172
纸张	84093.52
装订机	94897.264
⊟技术	1810064.396
电话	625616.32
复印机	604968.952
配件	252589.568
设备	326889.556
⊟家具	1987756.491
书架	825113.352
椅子	640209.836
用具	170441.572
桌子	351991.731
总计	5462438.387

图 3-39　各类别商品销售额统计图

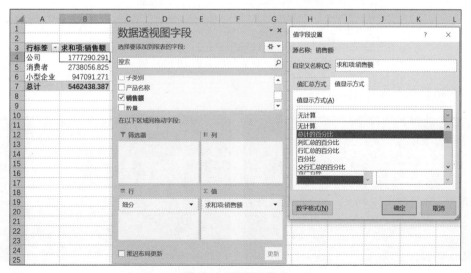

图 3-40　值显示方式

客户种类和客户地区分布的图表如图 3-41 所示。

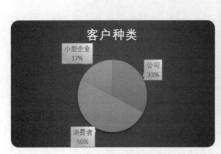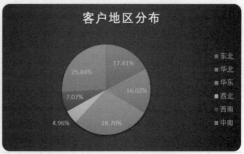

图 3-41　客户种类和客户地区分布图

（4）销售量和销售额排名前 10 的商品。

销售量和销售额排名前 10 的商品的图表做法和上面的销售额图一致，主要的区别是筛选前 10 位的数据。右击数据透视表任一单元格，在弹出的菜单栏中选择"筛选"命令，在弹出的菜单栏中选择"前 10 个"命令，如图 3-42 所示。

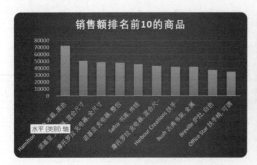

图 3-42　筛选销售额排名前 10 的商品

最终结果如图 3-43 所示。

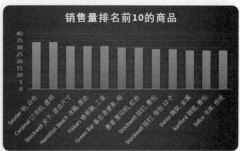

图 3-43　销售额和销售量排名前 10 的商品图

（5）将各个图表综合到看板并进行美化。

将以上图表通过复制,粘贴到看板中,选取统一的图表样式。并给看板设置标题。

（6）添加切片器,增加互动。

选中任一图表,在菜单栏"数据透视图工具"的"分析"组中,选择"插入切片器",选择"细分""地区""类别""子类别"复选框,如图 3-44 所示。

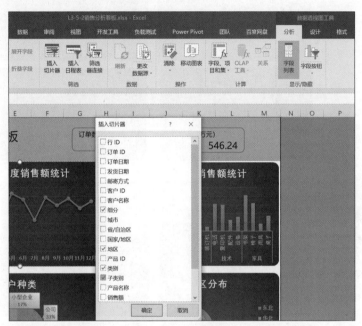

图 3-44　添加切片器

通过切片器将各个表连接,单击切片器在菜单栏的"切片器工具组"中选择"报表连接",选择需要连接的图表,如图 3-45 所示。

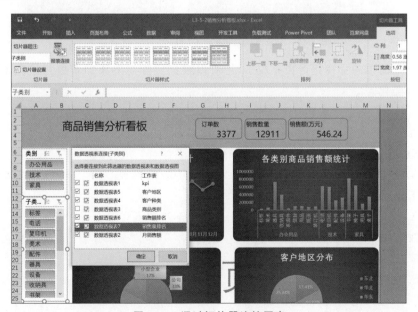

图 3-45　通过切片器连接图表

最后的结果如图 3-46 所示。

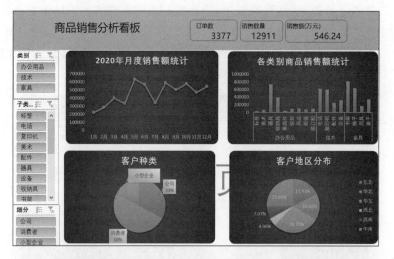

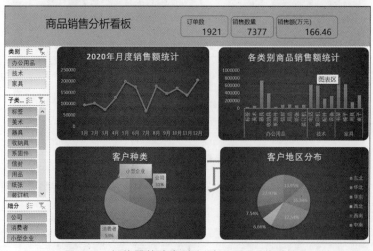

图 3-46　切片器筛选类别为"办公用品"前后结果

至此一个简单的可视化看板完成了,还可以根据实际需要添加看板背景和帮助文字等进行进一步美化。

3.2.3　习题与实践

(1) Excel 通过(　　)功能实现图表的创建。

　　A. 数据库应用　　　　B. 图表向导　　　　C. 函数　　　　　　D. 数据地图

(2) 工作表数据的图形表示方法称为(　　)。

　　A. 图形　　　　　　B. 表格　　　　　　C. 图表　　　　　　D. 表单

(3) 在 Excel 中建立图表时,一般(　　)。

　　A. 先输入数据,再建立图表

　　B. 建完图表后,再输入数据

　　C. 在输入的同时,建立图表

D. 首先建立一个图表标签

(4) 在 Excel 中,图表是工作表数据的一种视觉表示形式,图表是动态的,改变图表
(   )后,系统就会自动更新图表。

    A. 所依赖的数据   B. Y 轴数据   C. 标题   D. X 轴数据

(5) 用图表表示某班级男生、女生人数所占的百分比,(   )的表示效果最好。

    A. 柱形图   B. 折线图   C. 饼图   D. 面积图

(6) 在 Excel 中,(   )不属于图表的编辑范围。

    A. 图表数据的筛选   B. 增加数据系列

    C. 图表中各对象的编辑   D. 图表类型的更换

(7) 在 Excel 的工作表中,已创建好的图表中的图例(   )。

    A. 不能修改   B. 不可改变其位置

    C. 按 Delete 键可将其删除   D. 只能在图表向导中修改

(8) 在 Excel 中,创建图表时,必须首先(   )。

    A. 选择图表的类型   B. 选择图表的形式

    C. 选择图表安放的位置   D. 选定创建图表的数据区

(9) 在 Excel 中,关于创建图表,下列说法中错误的是(   )。

    A. 创建图表除了可以创建嵌入式图表、独立图表之外,还可手工绘制

    B. 图表生成之后,可以对图表类型、图表元素等进行编辑

    C. 嵌入式图表是将图表与数据同时置于一个工作表内

    D. 独立图表是以一个工作表的形式插在工作簿中

(10) 在 Excel 中快速插入图表的快捷键是(   )。

    A. F9   B. F10   C. F11   D. F12

第4章

数据管理基础

本章概要

数据库技术从诞生到现在,在不到半个世纪的时间里,形成了坚实的理论基础、成熟的商业产品和广泛的应用领域。数据库的诞生和发展给计算机信息管理带来了一场巨大的革命。

本章内容围绕数据库的产生和发展、关系数据库和结构化查询语言的基本概念开展,为数据库的应用打下基础。

学习目标

(1) 理解关系模型与关系数据库。

(2) 了解结构化查询语句的特点、组成和基本概念。

(3) 了解 E-R 图设计数据库的步骤。

(4) 掌握管理数据库和数据表的 SQL 语句。

(5) 掌握管理数据表中数据的 SQL 语句。

(6) 掌握并会运用查询 SQL 语句解决问题。

(7) 了解数据库安全及数据库安全的管理方法。

◇ 4.1 数据管理与数据库

4.1.1 数据管理

数据管理即数据收集、分类、组织、编码、存储、检索和维护等操作,是数据处理的核心环节。数据管理的目的是实现数据共享,降低数据冗余,提供数据的独立性、完整性和安全性,以便实现对数据的处理和使用更加高效。

随着信息技术的发展,数据管理经历了人工管理、文件管理和数据库管理三个阶段。

1. 人工管理阶段(20世纪50年代中期之前)

在这个阶段,计算机仅用于科学计算,对数据的管理由程序员处理。这个阶段的数据管理的特点如下。

(1) 数据不能在断电后保存。

(2) 数据和程序紧密结合,不具有独立性,如图 4-1 所示。

(3) 数据不能共享。

2. 文件管理阶段(20 世纪 50 年代后期至 20 世纪 60 年代中期)

20 世纪 50 年代后期到 20 世纪 60 年代中期,这时计算机不仅用于科学计算,还用于数据管理。此时,硬件方面出现了磁盘、磁鼓等直接存取存储设备;软件方面,操作系统中也有了专门的数据管理软件,即文件系统。

在文件系统中,文件用来存储数据,是文件处理的基本单位,数据被固定存储在单独的文件中。这样的文件系统通常由很多文件夹组成,每个文件夹都有标记。在不同的文件中,数据存储格式可能不同,因此,需要编写不同的应用程序来访问相应的文件,如图 4-2 所示。

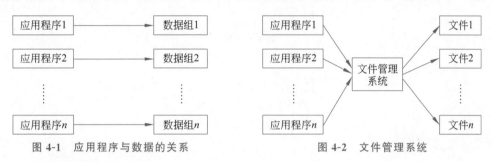

图 4-1 应用程序与数据的关系　　　　图 4-2 文件管理系统

在文件管理阶段,数据管理主要存在以下问题。

(1) 数据共享性差、冗余度大:在文件系统中,文件仍然是面向应用的,即一个文件对应于一个应用程序,即使多个应用程序使用相同的数据,也必须为每个应用建立各自的文件,造成数据冗余,浪费存储空间。

(2) 数据不一致:由于数据冗余,造成需要修改数据时,容易忽略某个地方的修改,而导致数据不一致的现象。

(3) 数据与程序的独立性不高:文件是为某个应用服务的,系统不易扩充。一旦数据逻辑结构发生改变,就必须修改文件结构的定义及应用程序,而应用程序的变化也会影响文件结构。

3. 数据库管理阶段(20 世纪 60 年代以后)

20 世纪 60 年代以后,计算机技术迅速发展,硬件方面出现了大容量硬盘,且价格下降;同时软件价格上升,编写和维护软件所需的成本相对增加。计算机的应用范围越来越广,数据量急剧增加,这对计算机数据管理提出了更高的要求。首先,要求数据作为组织内的公共资源集中管理控制,为组织内的各个用户所共享,因此应该大量消除数据冗余,节省存储空间;其次,当数据变化时,能够简化对数据多个副本的变更,更重要的是,要保证数据的一致性;此外,要求数据有更高的独立性,当数据逻辑结构发生变更时,不影响那些与此变更无关的应用程序,从而节省应用程序开发和维护的成本。以上这些要求,文件系统都不能满足,这促进了数据库技术的产生和发展。

以下三大事件标志着数据库技术的诞生。

(1) 1968 年,IBM 公司推出层次模型的 IMS 数据库管理系统。

(2) 1969 年,美国数据系统语言研究会下属的数据任务组公布了关于网状模型的DBTG 报告。DBTG 报告确定并建立了数据库系统的许多概念、方法和技术。DBTG 基于网状结构,是数据库网状模型的基础和代表。

（3）1970 年，IBM 研究员 E F.Codd 发表了题为"大型共享数据库数据的关系模型"的论文，提出了数据库的关系模型，开创了关系方法和关系数据研究，为关系数据库的发展奠定了理论基础。

数据库管理系统克服了前面各种数据管理方式的缺点，减少了数据冗余，同时实现数据的充分共享，使数据库技术进入新的阶段。在这一阶段，数据库管理系统成为应用与数据的接口，如图 4-3 所示。

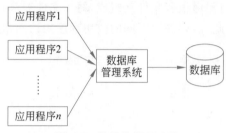

图 4-3　数据库管理系统

4.1.2　数据模型

数据模型是计算机世界对现实世界的抽象和模拟，数据模型不仅需要反映数据本身，而且因为现实世界是普遍联系的，数据模型还需要反映出数据之间的联系。

数据模型根据应用目的不同分为两类，第一类是概念模型，第二类是逻辑模型。概念模型也称为信息模型，它是按用户的观点对数据和信息建模，主要用于数据库设计。逻辑模型主要包括层次模型、网状模型和关系模型，它是按计算机系统的观点对数据建模。

1. 层次模型

现实世界中，许多实体之间的联系呈现出一种自然层次关系，如单位的组织结构、家族关系等。与现实世界中的层次关系相对应，层次数据模型的设计思想是把系统划分成若干小部分，然后再按照层次结构逐级组合成一个整体。层次模型使用树状结构来表示实体及其联系，树的结点代表实体，上一层实体与下一层实体之间的联系是一对多的，用结点之间的连线表示。例如，图 4-4 分别为层次模型示例及某学校的组织结构的层次模型示例。

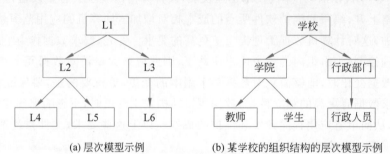

(a) 层次模型示例　　　　(b) 某学校的组织结构的层次模型示例

图 4-4　层次模型示例

层次模型具有以下特点。

（1）层次模型的实体之间的联系通过指针来实现。

（2）一个父结点可以有多个子结点，而一个子结点只能有一个父结点，是典型的一对多的关系。

（3）简单直观，容易理解。

2. 网状模型

在现实世界中，更多的事物之间的联系通常是非层次结构的，例如，顾客购物、学生选课等，实体之间没有层次关系，一个实体可以对应多个其他实体，如图 4-5 展示了多个顾客采购多个商品的场景。

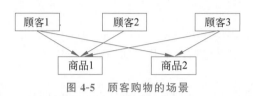
图 4-5 顾客购物的场景

这样的关系难以用层次结构描述，网状模型可以解决这个问题。网状模型结点之间的联系不受层次的限制，可以任意发生联系，适合描述复杂的事物及其联系。网状模型具有以下特点。

（1）网状模型实体之间的联系通过指针来实现。

（2）网状模型中的一个结点可以没有父结点，也可以有两个或两个以上的父结点。

（3）结构复杂，随着应用规模的扩大，不利于使用和维护。

3. 关系模型

1970 年，IBM 的研究员 E.F.Codd 博士在刊物 *Communication of the ACM* 上发表了一篇名为 *A Relational Model of Data for Large Shared Data Banks*（《大型共享数据库数据的关系模型》）的论文，提出了关系模型的概念，奠定了关系模型的理论基础，开创了数据库关系方法和关系理论的研究。这是对数据库技术的重大突破，引起了数据库技术的革命。Codd 也因此在 1981 年获得了计算机领域的最高奖项——图灵奖。后来 Codd 又陆续发表多篇文章，论述了范式理论和衡量关系系统的 12 条标准，用数学理论奠定了关系数据库的基础。

关系模型是目前最重要的结构化数据模型，关系数据模型的基本结构是二维表（Table），二维表在关系模型中被称为关系。

关系模型与层次模型、网状模型相比，具有以下特点。

（1）在三种数据模型中，关系模型是唯一可数学化的模型。数据模型的定义与操作均建立在严格的数学理论基础上。

（2）二维表既可以表示实体，也可以表示实体间的联系，因此关系模型具有强大的表达能力。

（3）关系模型简单易懂、易学易用。关系模型的基本结构是二维表，数据的表示方法单一而简单，便于在计算机中实现。

4.1.3 数据库基本概念

数据库、数据库管理系统和数据库系统是与数据库技术密切相关的三个基本概念。我们需要首先了解它们各自的定义。

1. 数据库

数据库(DataBase,DB)是在计算机存储设备上,按照一定的格式存放数据的仓库。严格地讲,数据库是长期储存在计算机内、有组织、可共享的大量数据的集合。数据库中的数据按一定的数据模型组织、描述和存储,具有较小的冗余度、较高的数据独立性和易扩展性,并可以在不同用户间共享。

数据库中的数据具有永久存储、有组织和可共享三个基本特点。

2. 数据库管理系统

数据库管理系统(DataBase Management System,DBMS)是位于用户与操作系统之间的一层数据管理软件。它主要包括以下几方面功能。

1)数据定义

DBMS 提供数据定义语言(Data Definition Language,DDL),用户通过它可以方便地对数据库中的数据对象进行定义。

2)数据组织、存储和管理

DBMS 要分类组织、存储和管理各种数据,包括数据字典、用户数据、数据的存取路径等。数据组织和存储的基本目标是提高存储空间利用率和方便存取,提供多种存取方法提高存取效率。

3)数据操纵

DBMS 提供数据操纵语言(Data Manipulation Language,DML),用户可以使用 DML 操纵数据,实现对数据库的基本操作,如查询、插入、删除和修改等。

4)数据库的事务管理和运行管理

数据库在建立、运用和维护时由数据库管理系统统一管理、统一控制,以保证数据的安全性、完整性、多用户对数据的并发使用及发生故障后的系统恢复。

5)数据库的建立和维护

实现数据库初始数据的输入、转换,数据库的转储、恢复,数据库的重组织和性能监视、分析等功能。

6)其他功能

数据库管理系统的其他功能还包括 DBMS 与其他软件系统的通信功能,一个 DBMS 与另一个 DBMS 或文件系统的数据转换功能,异构数据库之间的互访和互操作功能等。

3. 数据库系统

数据库系统(DataBase System,DBS)是指在计算机系统中引入数据库后的系统,主要由数据库、数据库管理系统及其开发工具、应用系统和数据库管理员构成。数据库由数据库管理系统统一管理,数据的插入、修改和查询要通过数据库管理系统进行。数据库管理员负责创建、监控和维护整个数据库,使数据能够被有使用权限的用户有效使用。数据库系统的构成如图 4-6 所示。

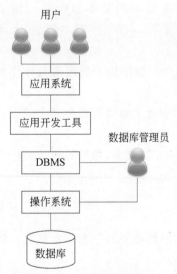

图 4-6   数据库系统的构成

4.1.4 数据库的发展

数据库系统的萌芽出现于 20 世纪 60 年代。当时计算机开始广泛地应用于数据管理，能够统一管理和共享数据的数据库管理系统(DBMS)应运而生。数据模型是数据库系统的核心和基础，在上述三种数据模型的基础上，先后出现了各种 DBMS 软件。因此通常也按照数据模型的特点将传统数据库系统分成网状数据库、层次数据库和关系数据库，如图 4-7 所示。

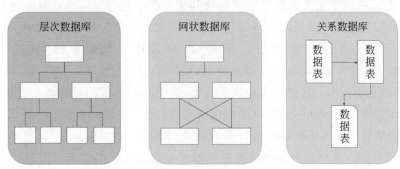

图 4-7 网状数据库、层次数据库和关系数据库

最早出现的是网状 DBMS，1961 年，通用电气公司的 Charles Bachman 成功地开发出世界上第一个网状 DBMS，也是第一个数据库管理系统——集成数据存储(Integrated Data Store, IDS)，奠定了网状数据库的基础，并在当时得到了广泛的发行和应用。

层次型 DBMS 是紧随网络型数据库而出现的。最著名、最典型的层次数据库系统是 IBM 公司在 1968 年开发的 IMS(Information Management System)，一种适合其主机的层次数据库。这是 IBM 公司研制的最早的大型数据库系统程序产品。

关系模型建立后，IBM 公司在 San Jose 实验室增加了更多的研究人员研究这个项目，这个项目就是著名的 System R，其目标是论证一个全功能关系 DBMS 的可行性。该项目结束于 1979 年，完成了第一个实现 SQL(Structured Query Language)的 DBMS。关系数据库系统以关系代数为坚实的理论基础，经过几十年的发展和实际应用，技术越来越成熟和完善。其代表产品有 Oracle、IBM 公司的 DB2、微软公司的 MS SQL Server 以及 Informix、Adabas D 等。

4.1.5 习题与实践

1. 填空题

(1) 数据管理经历了_____、_____和 _____三个阶段。

(2) 数据模型根据应用目的不同分为两类，第一类是概念模型，第二类是逻辑模型。逻辑模型主要包括_____、_____和_____。

2. 选择题

(1) 按照数据模型的特点将传统数据库系统分成( )。

    A. 网状数据库　　　B. 层次数据库　　　C. 关系数据库　　　D. 以上都是

(2) DBMS 提供数据操纵语言(Data Manipulation Language，DML)，用户可以使用 DML 操纵数据，实现对数据库的以下基本操作( )。

    A. 查询　　　　　B. 创建数据库　　　C. 插入　　　　　D. 删除

◆ 4.2　关系数据库

4.2.1　关系数据库基础

1970 年，E.F.Codd 博士发表 *A Relational Model of Data for Large Shared Data Banks* 论文之后，拉开了关系数据库正式形成和实现产品化的序幕。世界各地的研究人员致力于关系数据模型及相关技术的研究和开发。研究人员对包括存储、索引、并发控制、查询优化、执行优化等关键技术进行了研究，并且针对数据库的 ACID——原子性（Atomicity）、一致性（Consistency）、隔离性（Isolation）、持久性（Durability）保证提出了日志、检查点和恢复等技术。这些技术解决了数据的一致性、系统的可靠性等关键问题，为关系数据库技术的成熟以及在不同领域的大规模应用创造了必要的条件。

研究人员还掀起了关系数据库系统开发热潮，IBM 开发的 System R 和加州大学伯克利分校开发的 Ingres 系统最后都演化为成熟的关系数据库产品。若干围绕关系技术的数据库公司和产品部门纷纷成立，其中获得商业上成功的公司（部门）主要有 IBM（DB2）、Oracle（Oracle）、Informix、Sybase、微软（SQL Server）、SAP 等。这些数据库技术公司创造了庞大的数据库产业，每年创造巨大的产值，仅 Oracle 一家，年财政的销售收入就达到几百亿美元。

4.2.2　关系模型

关系数据库是基于关系数据模型而创建的数据库。关系模型中的实体和实体间的联系用二维表表示，称为关系。

1. 关系模型

关系模型的基本数据结构是关系，一个关系的形式化表示就是一张行列结构的二维表，关系模型是建立在集合代数的基础上的，这里从集合论的角度解释关系数据结构的形式化定义。

（1）域（Domain）。

域是一组相同数据类型的值的集合。例如，自然数、整数、实数、字符串等，都可以是域。

（2）笛卡儿积（Cartesian Product）。

给定一组域 $D_1, D_2, \cdots, D_n$，这些域中可以是相同的域，也可以是不同的域。$D_1, D_2, \cdots, D_n$ 的笛卡儿积定义如下：

$$D_1 \times D_2 \times \cdots \times D_n = \{(d_1, d_2, \cdots, d_n) \mid d_i \in D_i, i = 1, 2, \cdots, n\}$$

其中，每一个元素 $(d_1, d_2, \cdots, d_n)$ 叫作一个 n 元组（n-tuple）或简称元组（Tuple）。元组中的每一个值 d_i 叫作一个分量（Component）。

若 $D_i(i = 1, 2, \cdots, n)$ 为有限集，其基数为 $m_i(i = 1, 2, \cdots, n)$，则 $D_1 \times D_2 \times \cdots \times D_n$ 的基数 M 如下：

$$M = \prod_{i=1}^{n} m_i$$

例 4-1：学校举行计算机大赛，学院的教师和学生报名组队，选择指定竞赛类别参赛。竞赛类别分为"在线学习分析"和"智能生活助手"两类。目前报名的指导教师有"李老师""王老师"，报名的参赛学生有"黄小明""周乐天""施萌萌"。利用集合论分析出竞赛类别、指导教师和参赛学生的笛卡儿积对应的二维表。

分析：

根据说明，可以得到三个域 D_1、D_2、D_3，其中，D_1 表示竞赛类别集合，D_2 表示指导教师集合，D_3 表示参赛学生集合。

$$D_1=\{"在线学习分析","智能生活助手"\}$$
$$D_2=\{"李老师","王老师"\}$$
$$D_3=\{"黄小明","周乐天","施萌萌"\}$$

D_1、D_2、D_3 的笛卡儿积为：

$$D_1\times D_2\times D_3=\{("在线学习分析","李老师","黄小明"),$$
$$("在线学习分析","李老师","周乐天"),$$
$$("在线学习分析","李老师","施萌萌"),$$
$$("在线学习分析","王老师","黄小明"),$$
$$("在线学习分析","王老师","周乐天"),$$
$$("在线学习分析","王老师","施萌萌"),$$
$$("生活智能助手","李老师","黄小明"),$$
$$("生活智能助手","李老师","周乐天"),$$
$$("生活智能助手","李老师","施萌萌"),$$
$$("生活智能助手","王老师","黄小明"),$$
$$("生活智能助手","王老师","周乐天"),$$
$$("生活智能助手","王老师","施萌萌")\}$$

其中，D_1 的基数为 2，D_2 的基数为 2，D_3 的基数为 3，$D_1\times D_2\times D_3$ 的基数为 $2\times2\times3=12$，因此 $D_1\times D_2\times D_3$ 有 12 个元组。

根据上述分析，得到的关系表示如表 4-1 所示。

表 4-1　计算机竞赛表

竞赛种类	指导教师	参赛学生
在线学习分析	李老师	黄小明
在线学习分析	李老师	周乐天
在线学习分析	李老师	施萌萌
在线学习分析	王老师	黄小明
在线学习分析	王老师	周乐天
在线学习分析	王老师	施萌萌
生活智能助手	李老师	黄小明
生活智能助手	李老师	周乐天

续表

竞赛种类	指导教师	参赛学生
生活智能助手	李老师	施萌萌
生活智能助手	王老师	黄小明
生活智能助手	王老师	周乐天
生活智能助手	王老师	施萌萌

根据 $D_1 \times D_2 \times D_3$ 得到的二维表有三个属性,分别是竞赛种类、指导教师、参赛学生,因此关系的度为 3。属性的取值范围称为属性的域,属性的值必须来自域中的原子值。$D_1 \times D_2 \times D_3$ 的 12 个元组,对应关系的 12 条记录。

(3) 关系(Relation)。

$D_1 \times D_2 \times \cdots \times D_n$ 的子集叫作在域 $D_1, D_2, \cdots, D_n$ 上的关系,表示为 $R(D_1, D_2, \cdots, D_n)$。

R 表示关系的名字,n 是关系的目或度(Degree)。关系是笛卡儿积的有限子集,所以关系也是一个二维表,表的每行对应一个元组,表的每列对应一个域。由于域可以相同,需要为每一列起一个名字,称为属性(Attribute)。n 目关系必须有 n 个属性。

一个关系形式上就是一张行列结构的二维表。表头表示关系模式;表的每一列称为关系的一个属性(Attribute),属性的个数称为关系的目或度,每一列的值来自一个域,表的每一行(除第一行表头外)对应一个元组,每个元组由具体的属性值组成。关系即为元组的集合,某一时刻元组的总数称为关系的基数。图 4-8 为关系的二维表形式。

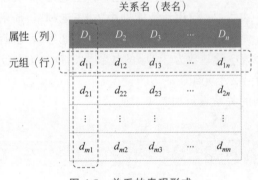

图 4-8 关系的表现形式

一般来说,$D_1, D_2, \cdots, D_n$ 的笛卡儿积是没有实际语义的,只有它的某个子集才有实际意义。例如表 4-1 中,虽然有不同的指导教师和参赛学生,但是一般情况下,每位指导教师不可能指导每位参赛学生,而每个学生也不允许参加所有类别的竞赛,因此大部分的元组是没有意义的,而表 4-1 的一个子集才是有意义的,能够表示指导教师和参赛学生的关系,把该关系命名为 COMP,如表 4-2 所示,李老师指导黄小明参加在线学习分析竞赛,王老师分别指导周乐天和施萌萌参加生活智能助手竞赛。

(4) 关系的性质。

关系具备以下性质。

① 关系的每一列中的属性值的数据类型必须相同,即来自同一个值域。

表 4-2　COMP 关系

竞赛种类	指导教师	参赛学生
在线学习分析	李老师	黄小明
生活智能助手	王老师	周乐天
生活智能助手	王老师	施萌萌

② 不同的列可以来自同一个值域,但是各列有各自不同的属性名。

③ 不允许有完全相同的元组,即集合中不应有重复的元组。

④ 列的次序无关实际意义,可以任意交换。

⑤ 行的次序无关实际意义,可以任意交换。

⑥ 属性值必须是原子分量,即不可再分。

(5) 候选键、主键和外键。

键是在关系数据库中用于检索和限定元组的重要机制。

① 候选键。如果关系中的某一属性或属性组能唯一标识一个元组,且它的任何子集都无此特性,则称该属性(组)为候选键(Candidate Key)。一个关系至少应该有一个候选键,也可能有多个候选键。在最极端情况下,关系模式的候选键包括关系的所有属性,称为全键(All-Key)。

② 主键。一个关系需要定义一个主键,选择候选键中的一个作为关系的主键。包含在主键中的属性称为主属性,不包含在主键中的属性称为非主属性。

③ 外键。同一个数据库中的一个关系和另一个关系通过来自相同值域的属性发生联系。如果关系 R_1 中的一个属性或属性组 X_n 与关系 R_2 中的主键的数据对应,则称 X_n 为关系 R_1 关于 R_2 的外键。外键是数据库中表达表与表之间联系的纽带,通常是两个表的公共字段。

2. 关系的完整性约束

关系模型中有三类完整性约束:实体完整性、参照完整性和用户自定义的完整性。其中,实体完整性和参照完整性是关系模型必须满足的完整性约束条件,被称作关系的两个不变性,应该由关系系统自动支持。用户自定义的完整性,是应用领域需要遵循的约束条件,体现了具体应用领域中的语义约束。

1) 实体完整性

在一个关系中,主键包含的各个属性(即主属性)均不能为空值,这就是实体完整性。

例 4-2:定义表示学生和学院的关系,并分别说明实体完整性。

定义表示学生的关系为 STU,包括的属性有:学号、姓名、学院编号、性别、生日、电话等。

关系表示为:

STU(学号,姓名,学院编号,性别,生日,电话)

其中,学号是关系的主键,则学号不能取空值。

定义表示学院信息的关系为:

DEPT(学院编号,学院名称,院长工号)

其中,学院编号是该关系的主键,则学院编号不能为空。

2）参照完整性

现实世界中的实体之间往往存在某种联系,在关系模型中实体之间的联系通过关系之间的引用来描述,这种引用一般通过外键来实现。

例如,上文的 STU 和 DEPT 两个关系中,学生属于某个学院,因此 STU 关系中有"学院编号"这个属性,该属性为外键。而"学院编号"的值应该是 DEPT 关系中存在的"学院编号"的值,否则是没有意义的。因此,STU 关系中,"学院编号"需要参考 DEPT 关系中对应属性的数据。

参照完整性规则要求:若属性(或属性组)F 是关系 R 的外键,而 F 是关系 S 的主键,则对于关系 R 中每个元组在 F 上各个属性的值或者取空值,或者等于所参照关系 S 中某个元组的主键值。

例 4-3:以 STU 和 DEPT 两个关系为例,说明关系的参照完整性。

对于 STU 和 DEPT 两个关系,"学院编号"是 STU 的外键,是 DEPT 的主键。当 STU 的某个元组中"学院编号"为空,可以解释为该学生还未分配专业;当"学院编号"不为空,则该值必须是 DEPT 某个元组中的"学院编号"值。其关系参照图如图 4-9 所示。

图 4-9 STU 和 DEPT 关系的参照图

3）用户自定义的完整性

用户自定义的完整性反映某一具体应用所涉及的数据必须满足的语义要求,通常根据实际应用,限定某个属性的取值范围。例如,在 STU 关系中,性别属性的取值应该限定在〔男,女〕两类值中。

3. 关系代数

关系代数是一种抽象的查询语言,它用对关系的运算来表达查询。

关系代数的运算对象和运算结果都是关系,关系代数包括四类运算符:集合运算符、专门的关系运算符、比较运算符和逻辑运算符,如表 4-3 所示。

表 4-3 关系运算符

运算符分类	符号	含 义	运算符分类	符号	含 义
集合运算符	∪ − ∩ ×	并 差 交 笛卡儿积	比较运算符	$>$ $\geqslant$ $<$ $\leqslant$ $=$ $<>$	大于 大于或等于 小于 小于或等于 等于 不等于
专门的关系运算符	σ π ⋈ ÷	选择 投影 连接 除	逻辑运算符	¬ ∧ ∨	非 与 或

关系代数的运算分为传统的集合运算和专门的关系运算。其中,传统的集合运算将关系看成元组的集合,其运算是从关系的"水平"方向即行的角度进行。而专门的关系运算既涉及行也涉及列。比较运算符和逻辑运算符辅助专门的关系运算符进行操作。

1) 传统的集合运算

传统的集合运算是二目运算,包括并、差、交、笛卡儿积四种。

如果关系 R 和关系 S 具有相同的目 n(即两个关系都有 n 个属性),且相应的属性取自同一个值域,则称关系 R 和关系 S 是并相容的。两个并相容的关系可以进行并、差和交运算。设 t 为元组变量,$t \in R$ 表示 t 是 R 的一个元组。

(1) 并(Union)。

关系 R 和关系 S 的"并"是指将两个关系中的所有元组合并,删去重复的元组,组成一个新的 n 目关系,记作:

$$R \cup S = \{t \mid t \in R \vee t \in S\}$$

$R \cup S$ 由属于 R 或属于 S 的非重复元组组成。

(2) 差(Except)。

关系 R 和关系 S 的"差"是指从关系 R 中删去与 S 相同的元组,形成一个新的 n 目关系,记作:

$$R - S = \{t \mid t \in R \wedge t \notin S\}$$

$R - S$ 由属于 R 但不属于 S 的所有元组组成。

(3) 交(Intersection)。

关系 R 和关系 S 的"交"是指从关系 R 和关系 S 中取出相同的元组,组成一个新的 n 目关系,记作:

$$R \cap S = \{t \mid t \in R \wedge t \in S\}$$

$R \cap S$ 由既属于 R 又属于 S 的元组组成。

(4) 笛卡儿积(Cartesian Product)。

设关系 R 和关系 S 分别是 n 目和 m 目的关系,关系 R 有 x 个元组,关系 S 有 y 个元组,则关系 R 和 S 的笛卡儿积是一个 $(n+m)$ 列、$x \times y$ 个元组的关系,其中,元组的前 n 列是关系 R 的元组,后 m 列是关系 S 的元组。记作:

$$R \times S = \{t_r t_s \mid t_r \in R \wedge t_s \in S\}$$

例 4-4:两个关系 R 和 S 如图 4-10 所示,它们对应属性的值域取自相同的域。求 R 和 S 的并、差、交和笛卡儿积。

R				S		
A	B	C		A	B	C
a_1	b_1	c_1		a_1	b_2	c_2
a_1	b_2	c_2		a_1	b_1	c_2
a_2	b_2	c_1		a_2	b_2	c_1

图 4-10　进行关系运算的关系 R 和关系 S

关系 R 和关系 S 的并、交、差和笛卡儿积分别如图 4-11 所示。

$R \cup S$		
A	B	C
a_1	b_1	c_1
a_1	b_2	c_2
a_2	b_2	c_1
a_1	b_1	c_2

$R \cap S$		
A	B	C
a_1	b_2	c_2
a_2	b_2	c_1

$R-S$		
A	B	C
a_1	b_1	c_1

$R \times S$					
$R.A$	$R.B$	$R.C$	$S.A$	$S.B$	$S.C$
a_1	b_1	c_1	a_1	b_2	c_2
a_1	b_1	c_1	a_1	b_1	c_2
a_1	b_1	c_1	a_2	b_2	c_1
a_1	b_2	c_2	a_1	b_2	c_2
a_1	b_2	c_2	a_1	b_1	c_2
a_1	b_2	c_2	a_2	b_2	c_1
a_2	b_2	c_1	a_1	b_2	c_2
a_2	b_2	c_1	a_1	b_1	c_2
a_2	b_2	c_1	a_2	b_2	c_1

图 4-11　关系 R 和关系 S 进行集合运算的结果

2）专门的关系运算

专门的关系运算常用的有选择、投影和连接。其中，选择、投影是单目运算，连接是双目运算。

（1）选择（Selection）。

关系 R 的选择是指从一个关系中找出满足指定条件的元组，记作：

$$\sigma(R) = \{t \mid t \in R \wedge F(t) = \mathrm{TRUE}\}$$

其中，F 表示选择条件，它是一个逻辑表达式，取逻辑真（TRUE）或假（FALSE）。选择运算实际上是从关系 R 中选取使 F 为真的元组，因此是从行的角度进行的运算。

关系 STU 的元组如表 4-4 所示，从 STU 关系中，选出学院编号为 101 的学生。

表 4-4　STU 关系的元组

STU					
学　号	姓　名	学院编号	性　别	生　日	电　话
101001	王小华	101	男	2002/4/2	13600000001
121345	张山	121	男	2002/5/11	13600000002
101010	田萌	101	女	2001/10/22	15010000000
145210	李洋洋	134	女	2001/12/31	15200000001
101108	郭文东	101	男	2001/2/19	13900000001

选择运算结果如表 4-5 所示。

表 4-5　STU 关系选择运算的结果

学　号	姓　名	学院编号	性　别	生　日	电　话
101001	王小华	101	男	2002/4/2	13600000001
101010	田萌	101	女	2001/10/22	15010000000
101108	郭文东	101	男	2001/2/19	13900000001

（2）投影（Projection）。

关系 R 的投影是从 R 中选择出若干属性列，形成新的关系，记作：

$$\pi_A(R)=\{t[A]\,|\,t\in R\}$$

其中，A 为 R 中的属性列。投影操作是从列的角度进行的运算。

例 4-5：从 STU 关系中，选出学生的姓名和性别。

投影运算的结果如表 4-6 所示。

表 4-6　STU 关系投影运算（选出姓名和性别）的结果

姓　名	性　别	姓　名	性　别
王小华	男	李洋洋	女
张山	男	郭文东	男
田萌	女		

有时，投影运算不仅取消了原关系中的某些列，还可能取消某些元组。这是因为在取消了某些属性列之后，可能会出现重复行，应该取消这些完全相同的行。

例 4-6：从 STU 关系中，选出学生所在的学院编号。

投影运算的结果如表 4-7 所示。

表 4-7　STU 关系投影运算（选出学院编号）的结果

学院编号
101
121
134

关系 R 中有 5 条元组，由于只需要取出学生所在的学院编号，5 条元组中不重复的学院编号为 101、121、134，因此投影运算形成的新的关系中有上述 3 条元组。

（3）连接（Join）。

连接是指从两个关系的笛卡儿积中选取属性间满足一定条件的元组，记作：

$$R\bowtie S=\{\widehat{t_r t_s}\,|\,t_r\in R\land t_s\in S\land t_r[A]\theta t_s[B]\}$$

其中，A 和 B 分别为 R 和 S 上度数相等且可比的属性组，θ 是比较运算符。连接运算从 R 和 S 的笛卡儿积 $R\times S$ 中选出 R 关系在 A 属性组上的值与 S 关系在 B 属性组上的值满足比较关系 θ 的元组。

连接运算有两种常用的连接，一种是等值连接，一种是自然连接。等值连接从两个关系的笛卡儿积中取出满足 $t_r[A]\theta t_s[B]$ 关系的元组，自然连接是特殊的等值连接，从等值连接的结果中去掉重复列。

DEPT 关系的元组如表 4-8 所示。

表 4-8 DEPT 关系的元组

DEPT		
学 院 编 号	学 院 名 称	院 长 工 号
101	生命科学学院	19820020
102	地理学院	19900010
121	物理学院	19870002
122	电子学院	20051001
134	对外汉语学院	20000018

关系 STU 和关系 DEPT 的连接条件是 STU.学院编号＝DEPT.学院编号。分别用等值连接和自然连接的方法,计算关系 R 和 S 的连接运算结果。

关系 R 和 S 的等值连接运算结果如表 4-9 所示。

表 4-9 关系 R 和 S 的等值连接运算结果

学号	姓名	R.学院编号	性别	生 日	电 话	S.学院编号	学 院 名 称	院长工号
101001	王小华	101	男	2002/4/2	13600000001	101	生命科学学院	19820020
121345	张山	121	男	2002/5/11	13600000002	121	物理学院	19870002
101010	田萌	101	女	2001/10/22	15010000000	101	生命科学学院	19820020
145210	李洋洋	134	女	2001/12/31	15200000001	134	对外汉语学院	20000018
101108	郭文东	101	男	2001/2/19	13900000001	101	生命科学学院	19820020

在等值连接的结果中,存在属性名相同的列,因此需要加上关系名作为前缀加以区分。
关系 R 和 S 的自然连接运算结果如表 4-10 所示。

表 4-10 关系 R 和 S 的自然连接运算结果

学号	姓名	学院编号	性别	生 日	电 话	学 院 名 称	院长工号
101001	王小华	101	男	2002/4/2	13600000001	生命科学学院	19820020
121345	张山	121	男	2002/5/11	13600000002	物理学院	19870002
101010	田萌	101	女	2001/10/22	15010000000	生命科学学院	19820020
145210	李洋洋	134	女	2001/12/31	15200000001	对外汉语学院	20000018
101108	郭文东	101	男	2001/2/19	13900000001	生命科学学院	19820020

自然连接的结果中删除了重复的列,使得连接的结果更加简洁,因此是最常见的连接运算方式。

4.2.3 结构化查询语言

SQL(Structured Query Language,结构化查询语言)是关系数据库的标准语言,SQL是一个通用的、功能强大的关系数据库语言,几乎所有的关系数据库管理系统软件都支持 SQL。

1. SQL 的产生与发展

SQL 是在 1974 年由 Boyce 和 Chamberlin 提出的,并在 IBM 公司研制的关系数据库管理系统原型 System R 上实现。经过不断地修改、补充和完善,SQL 得到业界的认可。1986 年 10 月,美国国家标准协会(American National Standard Institute,ANSI)的数据库委员会批准了 SQL 作为关系数据库语言的美国标准。同年公布了 SQL 标准文本。1987 年,国际标准化组织(International Organization for Standardization,ISO)也通过了这一标准。

2. SQL 的组成

SQL 是一个高度综合、功能强大同时又简洁易学的语言。SQL 集数据查询(Data Query)、数据操纵(Data Manipulation)、数据定义(Data Definition)和数据控制(Data Control)于一体。

(1)数据定义语言(Data Definition Language,DDL):用于定义数据库的逻辑结构,包括建立数据库,定义关系模式,索引和视图。

(2)数据操纵语言(Data Manipulation Language,DML):用于数据查询和数据更新(插入、修改和删除)。

(3)数据控制语言(Data Control Language,DCL):用于数据库的重构和维护、事务控制、授权等。

3. SQL 的特点

SQL 是介于关系代数和关系演算之间的结构化查询语言,具有以下特点。

(1)综合统一性:SQL 集数据定义语言(DDL)、数据操纵语言(DML)、数据控制语言(DCL)的功能于一体,为数据库应用系统的开发提供了良好的环境。

(2)高度非过程化:SQL 进行数据操作时,只需要提出"做什么"的需求,而无须指明"怎么做",大大减轻了用户的负担,有利于提高数据独立性。

(3)面向集合的操作方式:SQL 采用集合操作方式,操作对象、查询结果均以元组的集合方式表示,而且一次插入、删除、更新操作的对象也可以是元组的集合。

(4)提供多种使用方式:SQL 既是独立的语言,又是嵌入式语言。作为独立的语言,它可以独立地用于联机交互的使用方式,用户输入 SQL 命令可以直接对数据库进行操作;作为嵌入式语言,它能够嵌入高级语言(例如 C、C++、Java)中,供程序员编程使用。而在两种不同的使用方式下,SQL 的语法结构基本上是一致的。

(5)语言简洁、易学易用:SQL 中 9 条语句覆盖了 SQL 的核心功能,这 9 条核心语句如表 4-11 所示。

表 4-11　SQL 核心语句

SQL 功能	核 心 语 句	SQL 功能	核 心 语 句
数据定义	CREATE,DROP,ALTER	数据操纵	INSERT,UPDATE,DELETE
数据查询	SELECT	数据控制	GRANT,REVOKE

4. SQL 的基本概念

SQL 支持关系数据库的三级模式结构,如图 4-12 所示。其中,外模式对应于视图

（View），模式对应于基本表（Table），内模式对应于存储文件（Stored File）。

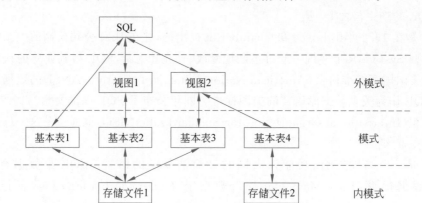

图 4-12   SQL 支持的关系数据库的三级模式结构

基本表是独立存在的表，在 SQL 中一个关系就对应一个基本表。一个（或多个）基本表对应一个存储文件。存储文件的逻辑结构组成了关系数据库的内模式，存储文件的物理结构对用户是透明的。视图是根据一定的逻辑从一个或多个基本表抽取数据生成的虚表，它不独立存在于数据库中，即数据库仅存放视图的定义而不存放视图对应的数据，这些数据仍然存放在生成视图的基本表中。视图在概念上等同于基本表，可以在视图上再定义视图。

用户可以用 SQL 对基本表和视图进行查询或其他操作，基本表和视图一样，都是关系。

4.2.4   MySQL 简介与使用

1. MySQL 简介

MySQL 是一个多用户、多线程 SQL 数据库服务器，它以客户机/服务器的架构提供数据库服务，它由一个服务器程序和多个不同的客户程序及库组成。

1）MySQL 的发展

MySQL 数据库的历史可以追溯到 1979 年，那时 Bill Gates 退学没多久，微软公司刚刚起步，而 Larry Ellison 的 Oracle 公司也才成立不久。当时在一家名为 TcX 的小公司有一个天才程序员 Monty Widenius，他用 BASIC 设计了一个报表工具，使其可以在 4MHz 主频和 16KB 内存的计算机上运行。没过多久，Monty 又将此工具用 C 语言进行了重新编写并移植到了 UNIX 平台上。当时，这只是一个很底层且仅面向报表的存储引擎，名叫 UNIREG。

1983 年，Monty Widenius 遇到了 David Axmark，两人开始合作运营 TcX，Monty Widenius 负责技术，David Axmark 负责管理。后来 TcX 将 UNIREG 移植到其他更加强大的硬件平台，主要是 Sun 的平台。1990 年，一位客户需要为 UNIREG 提供更加通用的 SQL 接口，当时有人提议直接使用商用数据库，但是 Monty Widenius 觉得商用数据库的速度难以令人满意，并决心自己重写一个 SQL 支持。于是 MySQL 便诞生了。1995 年 5 月 23 日，MySQL 的第一个内部版本发行。

1996 年 10 月，MySQL 3.11.1 发布，有趣的是，第一个 MySQL 正式版恰巧只能运行在 Sun Solaris 上，仿佛昭示了它日后被 Sun 收购的命运。一个月后，Linux 版本出现了。在接下来的两年里，MySQL 被依次移植到各个平台，同时加入了不少新的特性。

1998 年 1 月,MySQL 关系数据库发行了第一个版本。它使用系统核心的多线程机制提供完全的多线程运行模式,并提供了面向 C、C++、Eiffel、Java、Perl、PHP、Python 及 Tcl 等编程语言的编程接口,支持多种字段类型,并提供了完整的操作符支持,而且 MySQL 已经能够运行在十多种操作系统之上,其中包括应用非常广泛的 FreeBSD、Linux、Windows 95 和 Windows NT 等。但是当时的 MySQL 3.22 存在着诸多问题,例如,不支持事务操作、子查询、外键、存储过程和视图等功能。正因为这些缺陷,当时许多 Oracle 和 SQL Server 的用户对 MySQL 根本不屑一顾。

2008 年 1 月,MySQL AB 公司被 Sun 公司以 10 亿美金收购,MySQL 数据库进入 Sun 时代。在 Sun 时代,Sun 公司对其进行了大量的推广、优化、Bug 修复等工作。

MySQL 从诞生之日起便发展迅速,功能快速完善,性能不断提升,逐渐形成了支持各种操作系统的快速、易用的关系数据库。

2) MySQL 的特点

MySQL 具有以下特点。

(1) 功能强大:MySQL 中提供了多种数据库存储引擎,每种引擎各有所长,适用于不同的应用场合。用户可以选择最合适的引擎以得到最高性能,这些引擎甚至可以应用处理每天访问量数亿的高强度 Web 搜索站点。MySQL 支持事务、视图、存储过程和触发器等。

(2) 支持跨平台:MySQL 支持至少 20 种以上的开发平台,包括 Linux、Windows、IBMAIX、AIX 和 FreeBSD 等。这使得在任何平台下编写的程序都可以进行移植,而不需要对程序做任何修改。

(3) 运行速度快:高速是 MySQL 的显著特性。在 MySQL 中,使用了极快的 B 书磁盘表(MyISAM)和索引压缩;通过使用优化的单扫描多连接,能够极快地实现连接;SQL 函数使用高度优化的类库实现,运行速度极快。

(4) 成本低:MySQL 是世界上最受欢迎的开源数据库,但开源并不意味着完全免费,开源的优势是可以使更多的人对代码改进和完善,但开源软件的使用应遵循该软件提供的使用授权协议。对用于开发的个人用户,只要不用于销售营利,可以免费使用 MySQL。

(5) 支持各种开发语言:MySQL 为各种流行的程序设计语言提供支持,为它们提供了众多的 API 函数。

(6) 数据库存储容量大:MySQL 数据库的最大有效容量通常是由操作系统对文件大小的限制决定的,而不是由 MySQL 内部限制决定的。

2. MySQL 的安装

读者可以从 MySQL 的官方下载页面 https://dev.mysql.com/downloads/mysql 选择需要的版本进行下载安装。下载界面如图 4-13 所示。

MySQL 通常有两个版本,其中,MySQL Community Server(社区服务器)版本完全免费,但是不提供官方技术支持;MySQL Enterprise Server(企业服务器)版本为企业提供数据仓库应用,是付费版本,官方提供技术支持。MySQL 在 Windows 平台下提供二进制分发版和免安装版两种安装方式,其中,二进制分发版采用".msi"安装文件,双击后可以自动安装;免安装版采用".zip"压缩文件,需要手动安装。本节用".msi"自动安装方式进行讲解。

双击下载好的安装文件(mysql-installer-community-版本号.msi),选择默认安装方式(Developer Default),单击 Next 按钮开始安装,如图 4-14 所示。

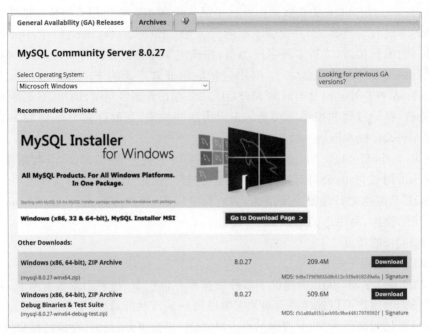

图 4-13　MySQL 官网下载界面

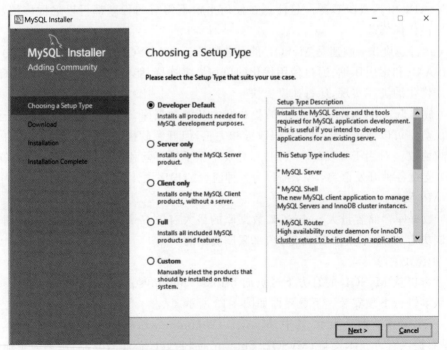

图 4-14　选择默认安装

　　MySQL 安装程序会自动检测当前是否满足安装环境。如果存在不满足的情况，则在图 4-15 所示的 Check Requirements 界面上列出所有不满足的环境。

　　选择某个产品后，单击 Execute 按钮，则安装程序下载相应的文件并提示安装，如图 4-16 所示。

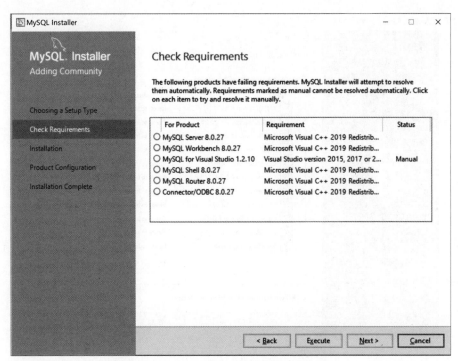

图 4-15　安装条件检查结果界面

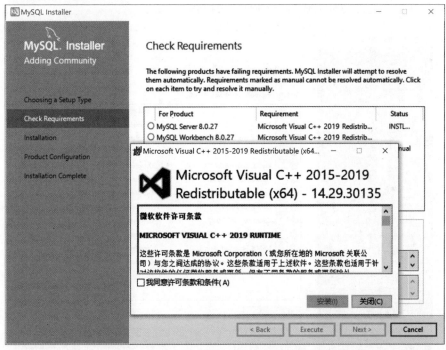

图 4-16　提示安装所需产品

　　当所需项目全部安装完成后，单击 Next 按钮跳转到安装界面，此时界面上会显示将要
安装的组件，如图 4-17 所示。

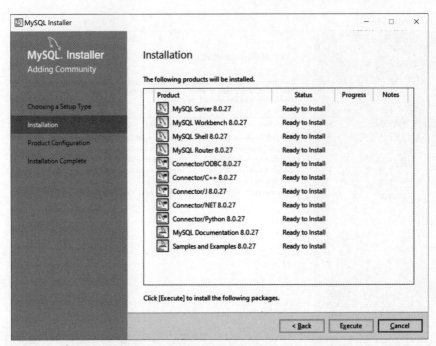

图 4-17　显示将要安装的组件

　　对于已经成功安装的组件，前面会显示一个绿色标记，如图 4-18 所示，如果安装失败，会显示红色标记。全部安装完成后，单击 Next 按钮。

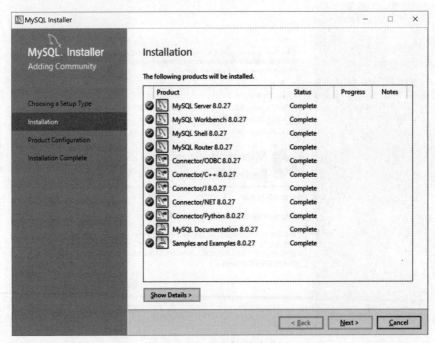

图 4-18　显示安装成功

　　完成组件安装后，单击 Next 按钮进入 Product Configuratation 环节。首先在如图 4-19 所示的界面上配置服务器类型。Config Type 选择 Development Computer，这是典型的个人用桌面工作站,在这种配置下 MySQL 将使用最少的系统资源,单击 Next 按钮继续。

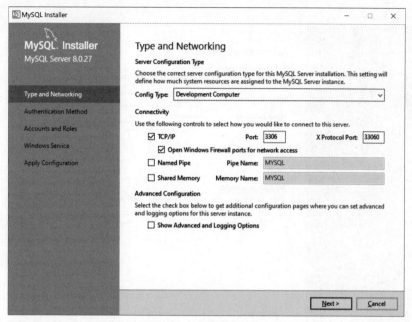

图 4-19　配置服务器类型

在如图 4-20 所示的界面上选择 MySQL 服务器授权方式,在此选择第二个传统授权方式,以保证和早期的 MySQL 5-x 版本兼容。单击 Next 按钮进入服务器密码设置界面,如图 4-20 所示。

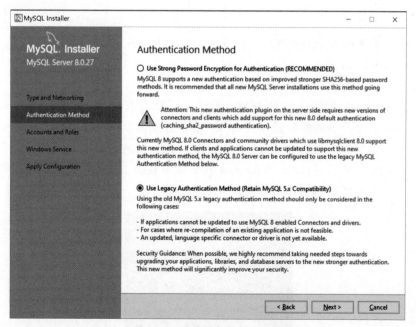

图 4-20　设置服务器授权方式

系统默认的用户名是"Root",为该用户设置密码。可以单击 Add User 按钮添加新的用户,如图 4-21 所示。

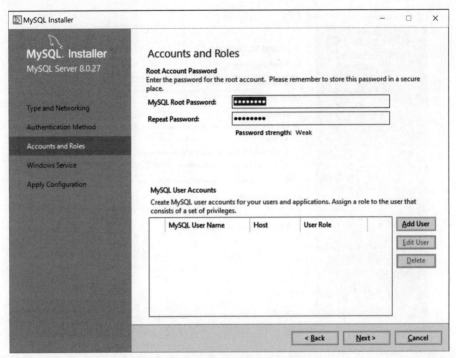

图 4-21　设置 MySQL 服务器的登录密码

接下来的各个设置界面均采用默认设置,单击 Next 或 Execute 按钮,直到最后安装结束。

3. MySQL 的启动

MySQL 有丰富的可视化管理工具,常用的有 MySQL Workbench、Navicat、MySQL Dumper 等。这里以 MySQL 官方提供的可视化管理工具 MySQL Workbench 为例,介绍该工具的基本使用方法。

MySQL Workbench 是面向数据库架构师、开发人员和 DBA 的统一可视化工具。MySQL Workbench 为服务器配置、用户管理、备份等提供数据建模、SQL 开发和综合管理工具,它支持不同的操作系统,包括 Windows、Linux 和 macOS X。

完成 MySQL 安装后,可以在 Windows 的菜单中看到 MySQL Workbench 8.0 CE,如图 4-22 所示,单击该菜单项,启动 MySQL Workbench。

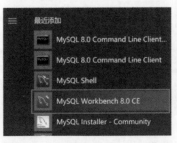

图 4-22　MySQL Workbench 菜单

MySQL Workbench 的主界面如图 4-23 所示。

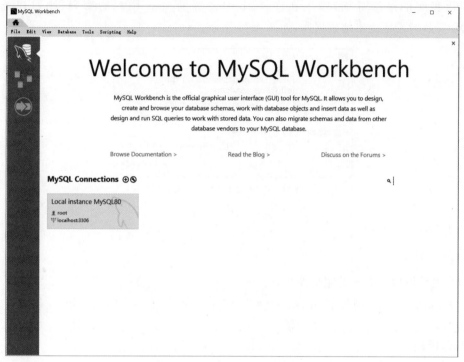

图 4-23 MySQL Workbench 主界面

单击主界面上 MySQL Connections 右侧的加号,出现创建新连接的界面,如图 4-24 所示。输入想要连接的数据库的连接信息,可以连接到目标数据库。

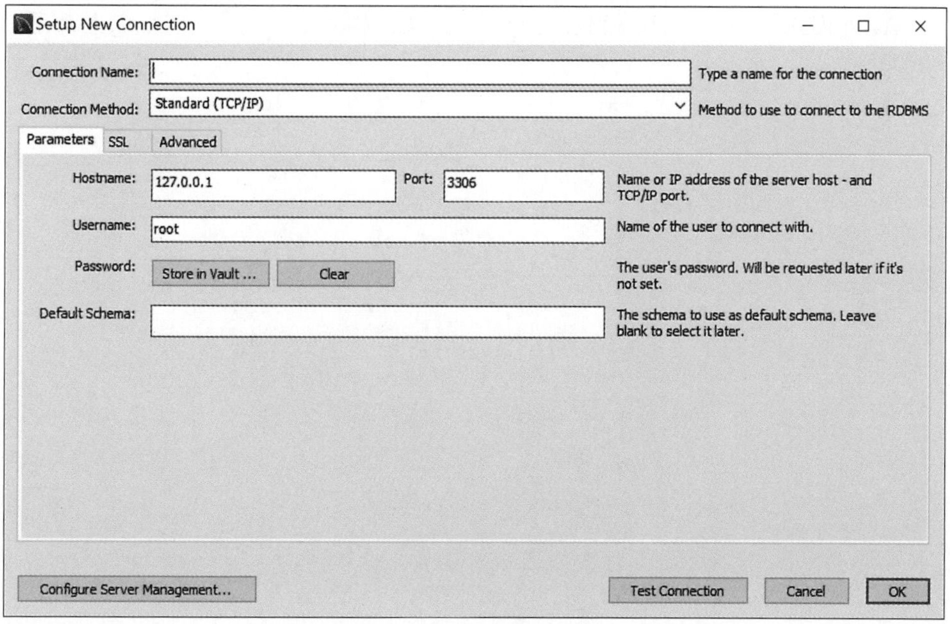

图 4-24 创建数据库连接

单击主界面上 MySQL Connections 下方的 Local instance MySQL 8.0,弹出连接到本地数据库实例的连接界面,输入在图 4-21 中设置的 root 用户的密码,则可以连接到MySQL 安装时设定的本地数据库,如图 4-25 所示。

图 4-25　输入初始数据库的密码

4.2.5　习题与实践

1. 填空题

(1) 关系模型中有三类完整性约束:_____、_____和_____。

(2) SQL 是一个高度综合、功能强大同时又简洁易学的语言。SQL 集_____、_____、_____、_____于一体。

2. 选择题

(1) 下列哪些是关系代数的运算符?(　　)

　　A. 集合运算符　　　　　　　　　　B. 专门的关系运算符

　　C. 算术比较符　　　　　　　　　　D. 逻辑运算符

(2) SQL 支持关系数据库的三级模式结构,分别是(　　)。

　　A. 外模式　　　　B. 模式　　　　C. 内模式　　　　D. 以上都是

第5章

数据库实践

本章概要

数据库管理与应用在大数据时代发挥着至关重要的作用,为数据的存储、组织、访问、保护和分析提供了强有力的支持。本章以实际应用为例,从数据库的设计与创建、数据查询与更新、数据管理与保护等方面开展实践,达到掌握利用关系型数据库进行数据管理和数据处理的能力。

学习目标

(1)掌握通过 SQL 语言创建数据库与数据表。

(2)掌握数据查询与数据更新的方法。

(3)掌握运用结构化查询语言解决数据问题。

(4)了解数据库安全及其管理方法。

◆ 5.1 数据库与数据表的创建

数据表也被称为表或基本表,是数据库最基本的用于存储数据的对象。可以认为关系数据库中的数据表是以行和列组成的二维表格,通常人们将行称为记录,将列称为字段。

在创建数据表时需要用到数据类型。因此在介绍创建表之前,先介绍一下 MySQL 支持的数据类型。

5.1.1 数据类型

MySQL 中定义数据字段的类型对数据库的优化是非常重要的。

MySQL 支持多种类型,大致可以分为四类:数值、字符串(字符)、日期/时间和复合类型。

1. 数值类型

数值型数据就是通常所说的数字,它可以由 0~9 的数字、正负符号与小数点(.)组成,例如,10,13.134,−12,−23.45 等。存放数值型数据的数据类型就是数值类型。MySQL 支持所有标准 SQL 数值数据类型。这些类型包括严格数值数据类型（INTEGER、SMALLINT、DECIMAL 和 NUMERIC），以及近似数值数据类型（FLOAT、REAL 和 DOUBLE PRECISION）。

关键字 INT 是 INTEGER 的同义词，关键字 DEC 是 DECIMAL 的同义词。

作为 SQL 标准的扩展，MySQL 也支持整数类型 TINYINT、MEDIUMINT 和 BIGINT。表 5-1 显示了需要的每个整数类型的大小、范围和用途。

表 5-1　数值类型的大小、范围和用途

类　　型	大　小	范围（有符号）	范围（无符号）	用　　途
TINYINT	1B	$-128 \sim 127$	$0 \sim 255$	小整数值
SMALLINT	2B	$-32\,768 \sim 32\,767$	$0 \sim 65\,535$	大整数值
MEDIUMINT	3B	$-8\,388\,608 \sim 8\,388\,607$	$0 \sim 16\,777\,215$	大整数值
INT 或 INTEGER	4B	$-2\,147\,483\,648 \sim 2\,147\,483\,647$	$0 \sim 4\,294\,967\,295$	大整数值
BIGINT	8B	$-9\,223\,372\,036\,854\,775\,808 \sim$ $9\,223\,372\,036\,854\,775\,807$	$0 \sim$ $18\,446\,744\,073\,709\,551\,615$	极大整数值
FLOAT	4B	$-3.402\,823\,466E+38 \sim$ $-1.175\,494\,351E-38$ $0,$ $1.175\,494\,351E-38 \sim$ $3.402\,823\,466\,351E+38$	$0,$ $1.175\,494\,351E-38 \sim$ $3.402\,823\,466E+38$	单精度浮点数值
DOUBLE	8B	$-1.797\,693\,134\,862\,3157E+308 \sim$ $-2.225\,073\,858\,507\,201\,4E-308$ $0,$ $2.225\,073\,858\,507\,201\,4E-308 \sim$ $1.797\,693\,134\,862\,3157E+308$	$0,$ $2.225\,073\,858\,507\,2014E-308 \sim$ $1.797\,693\,134\,862\,3157E+308$	双精度浮点数值
DECIMAL $[(M,[D])]$ 或 NUMERIC (M,D)	对 DECIMAL (M,D)，如果 $M>D$，为 $M+2$，否则为 $D+2$	依赖于 M 和 D 的值	依赖于 M 和 D 的值	可变精度浮点数值，M 代表包括小数点的数字的长度（但不包括负号）；D 代表小数点右边的位数。M 默认为 10，D 默认为 0

2. 字符串类型

字符型数据是数据库中常用的数据类型之一，有时也将其称为字符串。例如，在一个存储图书信息的表中，书名、出版社、ISBN 都是字符型数据。字符型数据可由字母、数字、空白符、标点、特殊字符与汉字等符号组成。在 SQL 中，字符型数据被放在一对半角单引号（''）中，用于区别其他类型的数据。

字符串类型就是用来存放字符型数据的。字符串类型指 CHAR、VARCHAR、BINARY、VARBINARY、BLOB、TEXT。表 5-2 描述了这些类型的大小和用途。

表 5-2 字符串类型的大小和用途表

类　　型	大　　小	用　　途
CHAR	0～255B	定长字符串
VARCHAR	0～65 535B	变长字符串
TINYBLOB	0～255B	不超过 255 个字符的二进制字符串
TINYTEXT	0～255B	短文本字符串
BLOB	0～65 535B	二进制形式的长文本数据
TEXT	0～65 535B	文本数据
MEDIUMBLOB	0～16 777 215B	二进制形式的中等长度文本数据
MEDIUMTEXT	0～16 777 215B	中等长度文本数据
LONGBLOB	0～4 294 967 295B	二进制形式的极大文本数据
LONGTEXT	0～4294967295B	极大文本数据

3. 日期与时间类型

表示时间值的日期和时间类型为 DATETIME、DATE、TIMESTAMP、TIME 和 YEAR。每个时间类型都有一个有效值范围和一个"零"值,当指定不合法的 MySQL 不能表示的值时使用"零"值。TIMESTAMP 类型有专有的自动更新特性。表 5-3 描述了这些类型的大小、范围、格式和用途。

表 5-3 日期与时间类型的大小、范围、格式和用途

类　　型	大小/B	范　　围	格　　式	用　　途
DATE	3	1000-01-01/9999-12-31	YYYY-MM-DD	日期值
TIME	3	'−838:59:59'/'838:59:59'	HH:MM:SS	时间值或持续时间
YEAR	1	1901/2155	YYYY	年份值
DATETIME	8	1000-01-01 00:00:00/ 9999-12-31 23:59:59	YYYY-MM-DD HH:MM:SS	混合日期和时间值
TIMESTAMP	4	1970-01-01 00:00:00/2038 结束时间是第 2 147 483 647 秒, 北京时间 2038-1-1911:14:07, 格林尼治时间 2038 年 1 月 19 日 凌晨 03:14:07	YYYY-MM-DD HH-MM-SS	混合日期和时间值, 时间戳

4. 复合类型

(1) ENUM('value1','value2',…)类型:用于存储从预先定义的字符集合中选取互斥的数据值,可以有 65 535 个不同的值。

(2) SET('value1','value2',…)类型:用于存储从预先定义的字符集合中选取任意数目的值,可以有 64 个成员。

5.1.2　数据表基础

当你将资料放入自己的文件柜时,并不是随便将它们扔进某个抽屉,而是在文件柜中创

建文件夹,然后将相关的资料放入特定的文件夹中,在数据库领域中这种文件称为数据表(Table)。

数据表又被称为表。在关系数据库系统中,一个关系就是一个表,表结构指的就是数据库的关系模型,表示若干列(Column)和若干行(Row)的集合,每一行代表一个唯一的记录,每一列代表一个字段。在确定表结构时首先要定义表的字段,即定义字段名、数据类型及其宽度,其次输入行(记录)。

1. 数据表中的记录和字段

关系数据库中的数据表其实很像生活中的二维表格,甚至有人会说它就是二维表格。数据表由行和列组成,通常人们将行称为记录,将列称为字段,如图 5-1 所示。

字段

产品ID	类别	子类别	名称	价格
10002763	办公用品	标签	Novimex 圆形标签, 白色	1.5
10001067	技术	配件	罗技 闪存驱动器, 实惠	123
10002448	家具	用具	Tenex 闹钟, 优质	45.2
10002926	家具	用具	Deflect-O 分层置放架, 一包多件	23.3
10000372	办公用品	信封	Jiffy 邮寄品, 银色	12.2

记录

图 5-1　数据表

表由列组成。列中存储着表中某部分的信息,是表中的一个字段。所有表都是由一个或多个列组成的。每个字段中的数据必须具有相同的数据类型,且每个字段都有字段名,如图 5-1 中的"产品 ID""名称"等就是字段名。关系数据库中规定在同一个表内不能有重复的字段。表中的数据是按行存储的,所保存的每个记录存储在自己的行内。实际上,表内也不应该有重复的记录,只是多数数据库管理系统不会强制这一点而已。

2. 表结构

一个非空数据表实际上是由三部分组成的,分别是表名、表结构和表的记录。表结构由表中所有字段的字段信息组成,这些信息包括字段名、字段类型、字段大小和字段约束、表约束等。创建一个数据表,其实就是在创建其表结构。

5.1.3　表逻辑设计

数据表的设计是数据库设计的主要部分,表逻辑设计的好坏将会影响数据库系统最终的运行效果、数据安全以及完整性。表的逻辑结构设计必须满足用户的需求,使用户准确理解数据的本质且容易掌握,并且没有二义性。E-R 模型则能帮助系统开发人员很好地完成表逻辑设计。

1. E-R 模型图

E-R 模型图也称实体-联系图(Entity-Relationship Diagram),提供了表示实体类型、属性和联系的方法,用来描述现实世界的概念模型。它是描述现实世界关系概念模型的有效方法,是表示概念关联模型的一种方式。

E-R 模型图用"矩形框"表示实体型,矩形框内写明实体名称;用"椭圆图框"或圆角矩形表示实体的属性,并用"实心线段"将其与相应关联的"实体型"连接起来;用"菱形框"表示实体型之间的联系成因,在菱形框内写明联系名,并用"实心线段"分别与有关实体型连接起来,同时在"实心线段"旁标上联系的类型($1:1$,$1:n$ 或 $m:n$)。

E-R 模型图是一种自上而下的数据库设计方法。一个完整的数据库系统的 E-R 模型图是由若干局部 E-R 模型图组合而成的。

在 E-R 模型图方法中,将局部概念结构图称为局部 E-R 模型图。局部 E-R 模式的设计过程如图 5-2 所示。

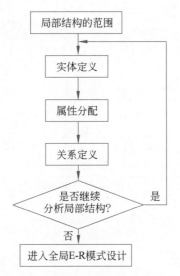

图 5-2 局部 E-R 模式的设计过程

例如,公司销售系统数据库中的商品管理与员工管理的局部 E-R 模型图,分别如图 5-3 和图 5-4 所示。

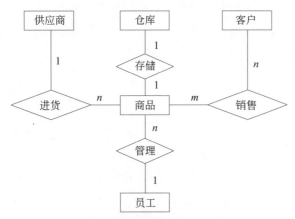

图 5-3 商品管理局部 E-R 模型图

将局部 E-R 模型图合并成全局 E-R 模型图的方法有两种:一种是一次合并多个局部 E-R 模型图,另一种是逐步合并局部 E-R 模型图,如图 5-5 所示。

无论采用哪种方法,合并局部 E-R 模型图的准则是先解决局部 E-R 模型图的冲突,合并成初步 E-R 模型图,然后进行初步 E-R 模型图的优化与修改,最终得到全局的 E-R 模型图。例如,合并商品管理和员工管理局部 E-R 模型图后,得到的 E-R 模型图如图 5-6 所示。

2. 规范化与范式

规范化是一种用来产生数据表集合的技术,通过规范化,表将具有符合用户需求的属

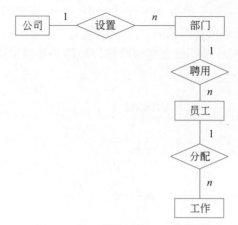

图 5-4　员工管理局部 E-R 模型图

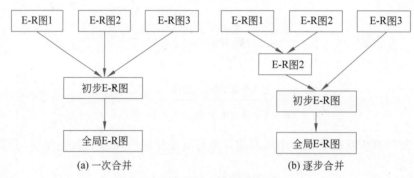

(a) 一次合并　　　　　　　　　　　　(b) 逐步合并

图 5-5　合并局部 E-R 模型图的方法

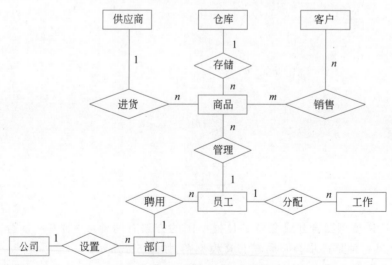

图 5-6　合并后的 E-R 模型图

性。规范化通常作为对表结构的一系列测试来决定其是否满足和符合给定范式。数据库逻辑结构设计产生的结果应该满足规范化要求,以使关系模式的设计合理,达到冗余少和提高查询效率的目的,所以对数据库进行规范化非常重要。对数据库的规范化要确定规范化级别,然后按要求进行并且要达到这一级别。

一般情况下,规范化处理主要进行以下三个步骤。

(1)确定数据依赖:通过数据依赖表示出数据项之间的关系,此项工作在需求分析阶段完成。

(2)定义键并消除冗余的关系:此项工作在概要设计阶段完成。

(3)确定范式级别:规范化必须要达到范式级别。

范式简称 NF(Normal Form),是满足一定条件的关系模式。范式是规范化确定的级别,数据库设计的范式有多种,常用的有第一范式(1NF)、第二范式(2NF)和第三范式(3NF)。所有范式都基于数据表中字段之间的关系。

第一范式:若关系模式 P 的所有属性的值域中每个值都是不可再分解的值,则称 P 为第一范式。第一范式是最低的规范化要求,数据表不能存在相同的记录,需设定一个关键字,并且要求每个字段都不可再分解。

第二范式:若关系模式 P 是第一范式,P 的表以及每个非主键字段都可以由构成主键的全部的字段得到,则称 P 为第二范式。第二范式可以消除大量的冗余数据,并对数据表可以进行异常的插入和删除。

第三范式:若关系模式 P 是第二范式,且每个非主属性都不传递依赖于 P 的候选键,则称 P 是第三范式。第三范式的关系不具有多义性,其属性值唯一,且每个非主属性必须依赖于整个主键而不能依赖于其他关系中的属性。

5.1.4 创建数据库与数据表

在创建数据库对象之前必须先创建数据库,数据库中包含数据表视图、查询规则、默认值等数据库对象,并且对这些对象进行统一管理。

1. 创建数据库

在面向对象的关系数据库管理系统中,一般情况下,用户使用 DBMS 环境中的工具创建数据库。用户也可以使用 SQL 语句中的 CREATE DATABASE 语句创建数据库,基本语法格式如下。

```
CREATE DATABASE  <databasename>;
```

例 **5-1**:在 MySQL Workbench 中,使用 CREATE DATABASE 语句创建一个 test 数据库。

```
CREATE DATABASE test;
```

运行结果如图 5-7 所示。

2. 删除数据库

删除数据库可以使用 DROP DATABASE 语句,基本语法格式如下。

```
DROP DATABASE  <databasename>;
```

例 **5-2**:在 MySQL Workbench 中,使用 DROP DATABASE 语句删除 test 数据库。

```
DROP DATABASE test;
```

3. 创建表

SQL 中创建表用 CREATE TABLE 语句来实现。CREATE TABLE 语句可以定义表

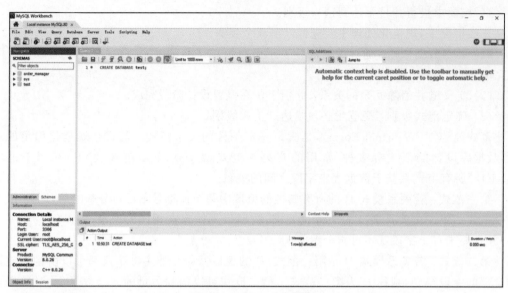

图 5-7　创建 test 数据库

的结构、约束以及继承等内容。

CREATE TABLE 语句的功能是在当前数据库中创建一个新的数据表,创建表需要表名、表字段名和定义每个表字段等信息,基本语法格式如下。

```
CREATE TABLE <表名>(
    <字段名 1><数据类型> [NOT NULL][DEFAULT<默认值>],
    <字段名 2><数据类型> [NOT NULL][DEFAULT<默认值>],
    …
    <字段名 n><数据类型> [NOT NULL][DEFAULT<默认值>],
);
```

- NOT NULL:为可选项,如果在某字段后加上该项,则向表添加数据时,必须给该字段输入内容,即不能为空。
- DEFAULT<默认值>:为可选项,如果在某字段后加上该项,则向表添加数据时;如果不向该字段添加数据,系统就会自动用默认值填充该字段。

例 5-3:创建一个 goods(商品)表,设置商品 ID、商品名、商品价格、商品描述、类别。表结构描述如表 5-4 所示。

表 5-4　商品表的表结构

列	数据类型	说　　明
goods_id	varchar(4)	唯一的商品 ID
goods_name	varchar(50)	商品名
price	double	商品价格
goods_desc	varchar(255)	商品描述
category	varchar(20)	类别

创建语句如下。

```
CREATE TABLE goods(
    goods_idvarchar(4) NOT NULL,
    goods_name varchar(50) NOT NULL,
    price double DEFAULT 0,
    goods_desc varchar(255),
    category varchar(20),
    PRIMARY KEY (goods_id)
);
```

在数据表中能够唯一识别记录的字段都会被人们设置为主键。当某个字段被设置为主键后,该字段中就不能再有重复值,也不能有空值。数据库管理系统将强制执行这一规则,这就是主键约束。如果想设置多个字段为主键,只需要在语句 PRIMARY KEY(字段名 1,字段名 2…)中增加字段名即可。

4. 修改表

在操作数据库时,可能需要更改表结构,如修改某字段的数据类型、添加新字段、删除指定字段等。可以使用 ALTER TABLE 语句完成上述要求。

1) 添加字段的语法格式

```
ALTER TABLE 表名
ADD
字段名 数据类型[(长度)];
```

其中,字段名是需要添加的字段名称。数据类型是需要添加字段的数据类型。长度是需要添加字段的长度,该项为可选项,当需要添加的字段类型为带长度的数据类型时必须定义其长度,如字符类型。

2) 修改字段的语法格式

```
ALTER TABLE 表名
MODIFY
字段名 数据类型[(长度)];
```

其中,字段名是需要修改的字段名称;数据类型是需要添加字段的数据类型;长度是需要修改字段的长度。

3) 删除字段的语法格式

```
ALTER TABLE 表名
DROP
字段名;
```

其中,字段名为要删除的字段名。

例 5-4:为例 5-3 创建的商品表添加字段"产地"用来存储商品的产地,修改商品名字段将长度改为 100,删除"商品描述"字段。

SQL 语句如下:

(1) 添加"产地"字段。

```
ALTER TABLE goods
ADD
origin varchar(20);
```

（2）修改商品名字段长度。

```
ALTER TABLE goods
MODIFY
goods_name varchar(100);
```

（3）删除"商品描述"字段。

```
ALTER TABLE goods
DROP
goods_desc;
```

5. 删除表

当不再需要数据库中的某表时，就应当删除该表，释放该表所占有的资源。在 SQL 中，删除数据表使用 DROP TABLE 语句。

使用 DROP TABLE 语句会将表彻底删除，包括表内的数据和表本身，但有时会只希望删除表中数据而不删除表本身，这时可以使用 TRUNCATE 语句将表截断，即删除表内的所有数据。

1）删除表的语法格式

```
DROP TABLE 表名;
```

2）截断表的语法格式

```
TRUNCATE TABLE 表名;
```

6. 创建本书使用的数据表

本书后面的大多数实例都使用 order_manager 数据库的 goods、customer、orders 数据表，下面列出创建这些数据库表的 SQL。

1）创建 goods 表的 SQL 语句

```
CREATE TABLE goods(
goods_id varchar(4) NOT NULL,
goods_name varchar(50) NOT NULL,
price double DEFAULT 0,
goods_desc varchar(255),
category varchar(20),
PRIMARY KEY (goods_id)
);
```

2）创建 customer 表的 SQL 语句

```
CREATE TABLE customer (
  cust_id varchar(4) NOT NULL,
  cust_name varchar(100) NOT NULL ,
  address varchar(100),
  city varchar(50),
  tel varchar(18),
  fax varchar(18),
  contact varchar(100),
  email varchar(100),
  PRIMARY KEY (cust_id)
);
```

3）创建 orders 表的 SQL 语句

```
CREATE TABLE orders (
    cust_id varchar(4) NOT NULL,
    goods_id varchar(4) NOT NULL,
    order_date date ,
    quantity int DEFAULT 0,
    item_price double DEFAULT 0,
    order_desc varchar(255),
    PRIMARY KEY (cust_id,goods_id)
);
```

5.1.5　习题与实践

（1）E-R 模型图中，表示联系的符号是（　　）。

　　A. 菱形　　　　　　　B. 矩形　　　　　　　C. 椭圆形　　　　　　D. 圆形

（2）下列各种关系中，（　　）是一对多关系。

　　A. 正校长和多位副校长　　　　　　　B. 学生和课程

　　C. 医生和患者　　　　　　　　　　　D. 产品和客户

（3）在（　　）这样的属性上适合使用 Not Null 这样的约束。

　　A. 一个人的住址　　　　　　　　　　B. 学生选课表中的成绩

　　C. 一本出版物的出版社　　　　　　　D. 一门课的教材

（4）在 E-R 模型图中有一个叫作 Person 的实体类，它的属性分别为：ID（唯一属性）、Name（单值属性）、Hobby（多值属性）、Skills（多值属性）。对该实体类进行关系模式设计，得到的结果应该是（　　）。

　　A. Person(ID,Name,Hobby,Skills)

　　B. Person(ID,Name)、PersonHS(ID,Hobby,Skills)

　　C. Person(ID,Name)、PersonH(ID,Hobby)、PersonS(ID,Skill)

　　D. Person(ID)、Person(ID,Name)、PersonH(ID,Hobby)、PersonS(ID,Skill)

（5）下面是创建表的命令：create table 客户信息（编号 Int Primary key,姓名 varchar(10) Not NULL）。关于 Primary key 的描述，哪个是正确的？（　　）

　　A. 指定唯一键　　　　　　　　　　　B. 指定检查约束

　　C. 指定标识　　　　　　　　　　　　D. 指定主键

（6）下面是创建表的命令：create table 客户信息（编号 Int Primary key,姓名 varchar(10) Not NULL,工作时间 DateTime default getdate()）。关于 default 的描述，（　　）是正确的。

　　A. 指定唯一键　　　　　　　　　　　B. 指定检查约束

　　C. 指定标识　　　　　　　　　　　　D. 指定主键

（7）关于 MySQL 常用的数据类型，以下（　　）是错误的。

　　A. DATETIME 数据类型可以用来存储时间

　　B. 使用字符数据类型时，可以改变长度信息

　　C. 使用数值数据类型时，可以改变长度信息

D. TINYINT 数据类型为 1 位长度,可以存储表示是/否的数据

（8）在 SQL 中,创建数据表是通过（　　）语句实现的。

    A. CREATE TABLE   B. DROP TABLE

    C. ALTER TABLE   D. SELECT

（9）在 SQL 中,删除数据库是通过（　　）语句实现的。

    A. CREATE DATABASE   B. DROP DATABASE

    C. ALTER TABLE   D. DROP TABLE

（10）DECIMAL 是（　　）数据类型。

    A. 可变精度浮点值   B. 整数值

    C. 双精度浮点值   D. 单精度浮点值

◇ 5.2　数据表的更新

向数据表插入、更新和删除数据也是 SQL 最基本的功能之一。在 SQL 中,插入数据使用的 SQL 语句是 INSERT,更新数据使用的 SQL 语句是 UPDATE,删除数据使用的 SQL 语句是 DELETE。

5.2.1　插入数据

使用 INSERT 语句可以直接向数据表插入完整的行、向指定字段插入数据等。直接向表插入数据需要对表有完全控制权限,否则不能完成插入操作。

INSERT 语句的语法格式如下:

```
INSERT INTO 表名[字段 1,字段 2,…,字段 n]
VALUES(字段 1 的值,字段 2 的值,字段 3 的值,…,字段 n 的值);
```

该语句由 INSERT 子句和 VALUES 子句构成。INSERT 子句用于指定向表中插入数据,VALUES 子句用于指定要插入的数据。如果插入完整的行也就是包含表内所有字段的数据行时,INSERT 子句可以只写表名;如果向指定字段插入数据,则需要在 INSERT 子句的表名后加上指定的字段。

使用 VALUES 子句时需要注意:

（1）VALUES 子句中必须列出 INSERT 子句中指定的所有字段的值,并且必须按照表中字段或 INSERT 子句中指定字段顺序排列。

（2）将要插入的数值的数据类型必须与表相应字段的数据类型互相兼容,否则就会出现错误,导致插入失败。例如,要将一个字符串插入数值型字段时就会出错。

例 5-5：向数据表 goods 添加如表 5-5 所示的商品信息内容。

表 5-5　向 goods 表添加的商品信息内容

商品 ID	商品名	商品价格	商品描述	类别
1001	罗技闪存驱动器	200.5	技术-配件-10001067	技术
1002	bico 订书机	78.5		

实现的 SQL 语句如下。

```
INSERT INTO goods
VALUES('1001','罗技闪存驱动器',200.5,'技术- 配件- 10001067',' 技术');
INSERT INTO goods(goods_id,goods_name,price)
VALUES('1002','bico 订书机',78.5);
```

运行结果如图 5-8 所示。

图 5-8　插入数据后的结果

5.2.2　更新数据

在 SQL 中更新数据要使用 UPDATE 语句。该语句与 INSERT 语句一样,同样需要对表有足够的访问权限。

UPDATE 语句的语法格式如下:

```
UPDATE 表名
SET     字段名 1 = 更新值 1,
        字段名 2 = 更新值 2,
                  ⋮
        字段名 n = 更新值 n
WHERE 条件表达式;
```

其中,UPDATE 子句指定要更改哪个表的数据,SET 子句指定将哪个字段的数据用什么值替换,WHERE 子句设置要更新记录的条件。

例 5-6:在 goods 表中,将 goods_id 为"1001"的商品价格更改为 140。

实现的 SQL 语句如下。

```
UPDATE goods
   SET price = 140
WHERE  goods_id = '1001';
```

运行结果如图 5-9 所示。

图 5-9　更新数据前后的结果对比

5.2.3　删除数据

在 SQL 中删除数据要使用 DELETE 语句,这个删除是删除整个记录,而不是删除某个字段的值。同样,这个语句也需要有足够的访问权限。

DELETE 语句的语法格式如下:

```
DELETE FROM 表名
WHERE 条件表达式;
```

其中,DELETE FROM 指定要从哪个表删除数据,WHERE 用于设置删除记录的条件。即 DELETE 语句从表中删除那些满足 WHERE 子句条件的所有记录。当省略 WHERE 子句时,DELETE 语句删除表中所有的记录。

例 5-7:在 goods 表中,删除 goods_id 为"1002"的商品记录。

实现的 SQL 语句如下。

```
DELETE FROM goods
WHERE  goods_id = '1002';
```

运行结果如图 5-10 所示。

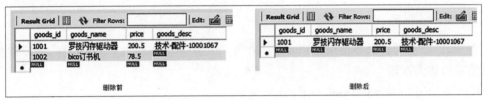

图 5-10　删除数据前后的结果对比

5.2.4　习题与实践

(1) 在 SQL 中,对数据的修改是通过(　　)语句实现的。

    A. INSERT　　　　B. UPDATE　　　　C. DELETE　　　　D. SELECT

(2) 用来插入数据的命令是(　　)。

    A. INSERT　　　　B. UPDATE　　　　C. DELETE　　　　D. SELECT

(3) 用于删除数据的命令是(　　)。

    A. INSERT　　　　B. UPDATE　　　　C. DELETE　　　　D. SELECT

(4) DELETE FROM employee 语句的作用是(　　)。

    A. 删除当前数据库中整个 employee 表,包括表结构

    B. 删除当前数据库中 employee 表内的所有行

    C. 由于没有 WHERE 子句,因此不删除任何数据

    D. 删除当前数据库中 employee 表内的当前行

◆ 5.3　数据表的查询

查询数据是数据库操作中的重要的操作之一,实现查询操作要使用 SQL 中的 SELECT 语句。一条 SELECT 语句可以很简单,也可以很复杂。一个较复杂的查询操作可以使用多种方法实现,也就是 SELECT 语句的编写方法也是灵活多样的,这就好比一道数学题有多种解法一样,所以 SELECT 语句没有绝对的固定格式。

SQL 中的 SELECT 查询语句用来从数据表中查询数据,其常用的带有主要子句的语法格式如下。

```
SELECT      [DISTINCT] column_name1,column_name2,…
FROM        table_name
[WHERE      column_name operator value]
[GROUP BY   column_name]
[HAVING     aggregate_function(column_name) operator value]
[ORDER BY   column_name,column_name  [ASC|DESC]]
```

说明如下。

- SELECT 子句：必选子句。在表中，一个列可能会包含多个重复值，如果要仅列出不同的值，可以使用 DISTINCT 关键词，用于返回唯一不同的值。
- FROM 子句：必选子句。该子句决定了要从哪个(哪些)数据源查询数据。
- WHERE 子句：可选子句。用于提取那些满足指定条件的记录。
- GROUP BY 子句：可选子句。用于结合聚合函数，根据一个或多个列对结果集进行分组。
- HAVING 子句：可选子句。在 SQL 中增加 HAVING 子句的原因是，WHERE 关键字无法与聚合函数一起使用。HAVING 子句可以筛选分组后的各组数据。
- ORDER BY 子句：可选子句。ORDER BY 关键字用于对结果集按照一个列或者多个列进行排序。关键字默认按照升序对记录进行排序。如果需要按照降序对记录进行排序，可以使用 DESC 关键字。

本节内容分别根据以上的子句详细介绍 SELECT 语句的用法。

5.3.1　查询和排序数据

本节介绍使用 SELECT 的基本格式查询基本表中的单字段、多字段和全部字段的方法。此外，还有使用 DISTINCT 关键字去除重复信息的用法，以及根据当前字段值计算新字段和命名新字段的方法。

1. 查询单字段

例 5-8：查询 goods 表中有哪些商品分类。

查询 goods 表中的类别字段 category 的值，即可知道有哪些分类的商品，语句如下。

```
SELECT category
FROM goods;
```

运行结果如图 5-11 所示。

图 5-11　查询 category 的结果

2. 去除重复信息

例 5-8 中有过多的重复值影响了查看效果,去除重复值使用 DISTINCT 关键字。

例 5-9:将例 5-8 运行结果中的重复值去掉。

```
SELECT DISTINCT category
FROM goods;
```

运行结果如图 5-12 所示。

3. 查询多字段

在实际应用中,一般更需要查询的是多字段数据。

例 5-10:查询 goods 表中所有商品的"商品名""商品价格""商品类别"三个字段。

```
SELECT goods_name, price, category
FROM goods;
```

运行结果如图 5-13 所示。

图 5-12 去掉查询中重复值的结果

图 5-13 例 5-10 查询结果

4. 查询所有字段

查询表中所有字段时,在 SELECT 子句中使用通配符——星号(＊),用其代替字段名列表。

例 5-11:查询 customer 表中所有字段的数据。

```
SELECT * FROM customer;
```

运行结果如图 5-14 所示。

cust_id	cust_name	address	city	tel	fax	contact	email
A001	麦虹科技有限公司	陕西省咸阳市秦都区马庄镇	咸阳	029-3286XXXX8	029-3286XXXX	谭琼	we@maihong.com
A002	龙广商贸有限公司	浙江省杭州市萧山区	杭州	0571XXXX28993	0571****28993	范郦	12XXXX@qq.com
A003	产融控股有限公司	上海市普陀区	上海	021-5623XXX1	021-5624XXXX	苏涛	NULL
A004	彩虹商贸有限公司	江苏省苏州市	苏州	139XXXX5636	NULL	NULL	3456XXXX@qq.com
A005	凯旋电子科技有限公司	浙江省温州市	温州	135XXXX3456	NULL	杨果果	yangX@163.com

图 5-14 例 5-11 查询结果

5. 根据现有字段值计算新字段值

有时表中没有需要的数据,但是需要的数据又可以通过对现有数据的计算获得。例如,orders 表中没有购买商品的总价,但是可以通过单价 item_price 和购买数量 quantity 两个字段计算得出总价。总价＝quantity×item_price。

例 5-12：查询每个客户购买的商品的总价。

```
SELECT cust_id, goods_id, quantity * item_price
FROM orders;
```

运行结果如图 5-15 所示。

图 5-15 中计算得出的第三列没有字段名，如果不做相应处理，可能会对以后的使用带来麻烦，所以可以用"AS"关键字将第三列重新命名得到新列。

例 5-13：查询每个客户购买的商品的总价。

```
SELECT cust_id AS 客户 ID,goods_id AS 商品 ID ,quantity * item_price AS 商品总价
FROM orders;
```

运行结果如图 5-16 所示。

cust_id	goods_id	quantity*item_price
A001	0001	280
A001	0002	2500
A001	0003	2900
A002	0001	650

图 5-15 例 5-12 查询结果

客户ID	商品ID	商品总价
A001	0001	280
A001	0002	2500
A001	0003	2900
A002	0001	650

图 5-16 例 5-13 查询结果

6. 排序数据

在数据库应用中，为了方便查看，有时需要将查询结果按某种规律排序。例如，按购买日期排序查询结果，以便查看购买记录。在 SQL 中，ORDER BY 子句用来排序数据。可以按照单字段排序，也可以按照多字段排序。排序数据有两种方式，第一种是升序，将数据按从小到大的顺序排列，在 ORDER BY 子句中使用 ASC 关键字；第二种是降序，将数据按从大到小的顺序排列，使用 DESC 关键字。

例 5-14：从 orders 表中查询所有内容，将查询结果按照客户 ID 升序排序，按照购买日期降序排序。

```
SELECT   *
FROM orders
ORDER BY cust_id,order_date DESC;
```

运行结果如图 5-17 所示。

cust_id	goods_id	order_date	quantity	item_price	order_desc
A001	0002	2021-10-07	1	2500	NULL
A001	0003	2021-08-03	5	580	NULL
A001	0001	2021-07-13	2	140	国购店
A002	0001	2021-10-20	5	130	NULL

图 5-17 例 5-14 查询结果

5.3.2 条件查询

在日常生活中，数据库的查询还需要按照指定的搜索条件查询需要的数据。例如，查找类别为办公用品的商品，查找咸阳的客户等。在查询语句中，指定条件需要使用 WHERE 子句。

使用 WHERE 子句要学会编写条件表达式。条件表达式其实就是关系表达式、逻辑（布尔）表达式和几个 SQL 特殊条件表达式的统称。条件表达式只有真（TRUE）和假（FALSE）两种值。表 5-6 列出了 SQL 中使用的条件运算符。

表 5-6　条件运算符

	运　算　符	说　　明	举　　例
关系运算符	=	等于	商品名='Tenex 闹钟',价格=2259
	<	小于	数量<4
	<=	小于或等于	购买日期<='2021-07-13'
	>	大于	价格>1200
	>=	大于或等于	价格>=1000
	<>或!=	不等于	类别<>'办公用品'
逻辑（布尔）运算符	NOT	非	NOT 数量<4
	AND	与（而且）	价格>1000 AND 价格<1200
	OR	或	价格<1000 or 价格>1200
SQL 特殊条件运算符	IN	在某个集合中	类别 IN ('办公用品','家具')
	NOT IN	不在某个集合中	类别 NOT IN ('技术','家具')
	BETWEEN…AND	在某个范围内	价格 BETWEEN 100 AND 200
	NOT BETWEEN … AND	不在某个范围内	商品 ID NOT BETWEEN '0001' AND '0004'
	LIKE	与某种模式匹配	地址 LIKE '浙江%'
	NOT LIKE	不与某种模式匹配	地址 NOT LIKE '浙江%'
	NULL	是 NULL 值	商品描述 IS NULL
	IS NOT NULL	不是 NULL 值	商品描述 IS NOT NULL

WHERE 子句用来设置搜索条件，从而查询所需的数据结果。

例 5-15：从 customer 表中查询客户所在城市为"上海"的客户信息。

```
SELECT  *
FROM   customer
WHERE  city = '上海';
```

运行结果如图 5-18 所示。

图 5-18　例 5-15 查询结果

查询日期数据需要注意日期数据格式。

例 5-16：从 orders 表中查询购买日期大于 2021 年 10 月 1 日的商品 ID 和价格、数量。

```
SELECT  goods_id, quantity,item_price
FROM  orders
WHERE  order_date >= '2021-10-01';
```

运行结果如图 5-19 所示。

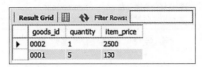

图 5-19　例 5-16 查询结果

数据库操作中,有时需要查询表中的空值或非空值,可以使用 IS NULL 或 IS NOT
NULL 运算符。

例 5-17:从 customer 表中查询客户 email 为空的所有客户信息。

```
SELECT *
FROM customer
WHERE email IS NULL;
```

运行结果如图 5-20 所示。

cust_id	cust_name	address	city	tel	fax	contact	email
▶ A003	产融控股有限公司	上海市普陀区	上海	021-5623XXX1	021-5624XXXX	苏涛	NULL

图 5-20　例 5-17 查询结果

AND 和 OR 两个运算符可以将单独的条件表达式组合在一起,形成复杂、强大的搜索
条件表达式。这种表达式将会满足更多的查询需求。AND 运算符表示“与”(而且)的关系,
即数据要满足第一个条件而且还要满足第二个条件时才会被搜索出来。OR 运算符表示
“或”(或者)的关系,即数据满足任何一个条件时就可以被搜索出来。

例 5-18:从 goods 表中查询类别为“办公用品”,价格为 1000~2500 的商品名和价格。

```
SELECT goods_name,price
FROM  goods
WHERE category='办公用品'
AND price BETWEEN 1000 AND 2500;
```

运行结果如图 5-21 所示。

goods_name	price
▶ Hamilton Beach 搅拌机	2259
Hoover 烤面包机	1162

图 5-21　例 5-18 查询结果

例 5-19:从 customer 表中查询地址是浙江省或者城市为苏州、咸阳的客户名和联系
电话。

```
SELECT cust_name,tel
FROM customer
WHERE address LIKE '浙江省%'
OR city IN ('苏州','咸阳');
```

运行结果如图 5-22 所示。

cust_name	tel
麦虹科技有限公司	029-3286XXXX8
龙广商贸有限公司	0571XXXX28993
彩虹商贸有限公司	139XXXX5636
凯旋电子科技有限公司	135XXXX3456

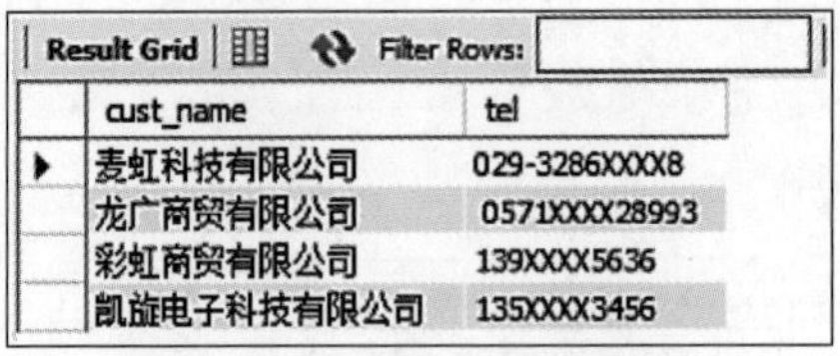

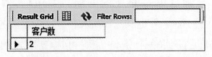

图 5-22　例 5-19 查询结果

LIKE 运算符和通配符可以对表进行模糊查询，即仅使用查询内容的一部分查询数据库中存储的数据。百分号(%)通配符代表 0 个或多个字符。

5.3.3　聚合函数与分组查询

聚合函数的主要功能是统计汇总表中的数据，都是作用在表的列上的函数(或者说是作用在多行上的函数)。常用的聚合函数有 5 个，分别是 COUNT()、SUM()、AVG ()、MAX()、MIN()。完成的功能分别是统计记录个数、统计某字段的和、统计某字段的平均值、统计某字段的最大值、统计某字段的最小值。

例 5-20：从 customer 表中查询没有传真电话的客户个数。

```
SELECT COUNT(*) AS 客户数
FROM customer
WHERE fax IS NULL;
```

运行结果如图 5-23 所示。

客户数
2

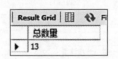

图 5-23　例 5-20 查询结果

例 5-21：从 orders 表中查询商品的总数量。

```
SELECT SUM(quantity) as 总数量
FROM orders;
```

运行结果如图 5-24 所示。

总数量
13

图 5-24　例 5-21 查询结果

例 5-22：从 goods 表中查询商品的最高单价、最低单价和平均单价。

```
SELECT MAX(price),MIN(price),AVG(price)
FROM goods;
```

运行结果如图 5-25 所示。

分组查询是指将数据表中的数据按照某种值分为很多组，然后进行搜索。例如，将 goods 表中的数据用类别进行分组，会得到三组分别是“家具”“办公用品”“技术”。分组查

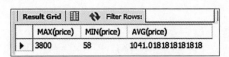

图 5-25　例 5-22 查询结果

询对统计汇总非常有用。例如,想要在一个查询结果集中显示各类别的商品分别有多少个,首先必须用类别分组。

分组查询使用 GROUP BY 子句。对 GROUP BY 后的分组进行筛选使用 HAVING 子句。

例 5-23:从 goods 表中查询各类别商品的个数。

```
SELECT category,count(*)
FROM goods
GROUP BY category;
```

运行结果如图 5-26 所示。

图 5-26　例 5-23 查询结果

例 5-24:从 goods 表中查询商品的个数大于 3 的类别。

```
SELECT category
FROM goods
GROUP BY category
HAVING count(*)>3;
```

运行结果如图 5-27 所示。

图 5-27　例 5-24 查询结果

5.3.4　多表连接查询

多表连接查询是 SQL 强大的功能之一。它可以在执行查询时动态地先将表连接起来,然后从中查询数据。

当查询条件或结果涉及多个表时,需要将多个表连接起来进行联合查询,就是连接查询。只有当公共列存在时,两个表进行连接才具有实际意义。语法格式如下。

```
SELECT  *(或字段列表)
FROM   表名 1,表名 2
WHERE 连接条件;
```

或者

```
SELECT   * (或字段列表)
FROM    表名 1  INNER JOIN 表名 2 ON 连接条件
WHERE <条件表达式>;
```

例 5-25：查询所有购买了商品的客户名、商品数量和价格。

```
SELECT c.cust_name,o.quantity,o.item_price
FROM orders o,customer c
WHERE o.cust_id=c.cust_id;
```

或者

```
SELECT c.cust_name,o.quantity,o.item_price
FROM orders o INNER JOIN customer c
ON o.cust_id=c.cust_id;
```

运行结果如图 5-28 所示。

cust_name	quantity	item_price
麦虹科技有限公司	2	140
麦虹科技有限公司	1	2500
麦虹科技有限公司	5	580
龙广商贸有限公司	5	130

图 5-28　例 5-25 查询结果

在多表连接查询时，为了方便识别某字段属于哪个表，通常会在字段前加上表名，如果表名比较长或者复杂，就会给输入带来很大的不便。此时，可以使用表别名解决这一问题。例 5-25 中的"o"就是 orders 表别名。在 FROM 子句中给表起别名后，该别名可以用在查询语句中的任何位置。

例 5-26：查询商品类别为"家具"的商品的购买记录。

```
SELECT c.cust_name,g.goods_name,o.order_date
FROM orders o
INNER JOIN customer  c  ON o.cust_id=c.cust_id
     INNER JOIN  goods  g  ON o.goods_id = g.goods_id
WHERE g.category = "家具";
```

运行结果如图 5-29 所示。

cust_name	goods_name	order_date
麦虹科技有限公司	Tenex闹钟	2021-07-13
麦虹科技有限公司	Harbour Creations 折叠椅	2021-08-03
龙广商贸有限公司	Tenex闹钟	2021-10-20

图 5-29　例 5-26 查询结果

例 5-27：* 查询所有客户的购买记录。

```
SELECT c.cust_name,o.goods_id,o.order_date
FROM customer c
LEFT OUTER JOIN orders o ON c.cust_id=o.cust_id;
```

运行结果如图 5-30 所示。

cust_name	goods_id	order_date
麦虹科技有限公司	0003	2021-08-03
麦虹科技有限公司	0002	2021-10-07
麦虹科技有限公司	0001	2021-07-13
龙广商贸有限公司	0001	2021-10-20
产融控股有限公司	NULL	NULL
彩虹商贸有限公司	NULL	NULL
凯旋电子科技有限公司	NULL	NULL

图 5-30　例 5-27 查询结果

在多表连接查询时，有时希望表中的所有记录都被包含进去，即使没能匹配的记录也包含在查询表结果集内，这时内连接查询已经满足不了需求，所以应该采取另外一种连接查询方法——外连接查询。外连接有左外连接、右外连接和全外连接三种。在例 5-27 中要求查询所有客户的购买记录，即要求客户表的所有记录都应包含到查询结果中。实现方法采用了左外连接方式，这种连接的规则是将左外连接符号（LEFT OUTER JOIN 或 LEFT JOIN）左边的表的所有记录都包含到结果集中，而只将右边表中有匹配的记录包含进结果集。通过查询结果可知，左外连接时左边表即客户表的所有记录都包含到查询结果中。而那些没有匹配的左边表的记录会与全部都是 NULL 值的记录连接。

右外连接的规则是将右外连接符号（RIGHT OUTER JOIN 或 RIGHT JOIN）右边的表的所有记录都包含到结果集中，而只将左边表中有匹配的记录才包含到结果集。

全外连接的连接规则是将两个表的所有记录都包含到结果集中，这种连接只有 FULL OUTER JOIN 一种连接符。

5.3.5　习题与实践

（1）数据库的外部连接不包括（　　）。

A. CROSS JOIN　　B. LEFT JOIN　　C. RIGHT JOIN　　D. FULL JOIN

（2）以下关于 SQL JOIN 的说法错误的是（　　）。

A. SQL JOIN 对于数据表的操作类似于数学中集合的运算

B. SQL JOIN 会改变数据表的结构和内容

C. SQL JOIN 有时会生成临时表

D. SQL JOIN 必须有公共字段才可以工作

（3）在学生表 Student(s_no,s_name,birthday,gender)和学生选课表 SC(s_no,c_no,grade)中求每个学生的姓名和平均成绩。下面哪个查询表达不正确？（　　）

A. SELECT s_name,AVG(grade) FROM Student,SC WHERE Student.s_no=SC.s_no GROUP BY Student.s_no

B. SELECT s_name,AVG(grade) FROM Student,SC WHERE Student.s_no=SC.s_no GROUP BY SC.s_no

C. SELECT s_name,AVG(grade) FROM Student,SC GROUP BY SC. s_no

D. SELECT s_name,AVG(grade) FROM Student,SC WHERE Student.s_no=SC.s_no GROUP BY SC.s_no,s_name

(4) 查找姓张的学生,用到的表达式是(　　)。

  A. 张％   B. 张?   C. 张♯   D. 张$

(5) 查找不姓张的学生,用到的表达式是(　　)。

  A. NOT LIKE '张％'   B. NOT LIKE '张?'

  C. NOT LIKE '张♯'   D. NOT LIKE '张$'

(6) 以下聚合函数用于求最小值的是(　　)。

  A. COUNT   B. MAX   C. AVG   D. MIN

(7) 条件"age BETWEEN 20 AND 30"表示年龄为 $20\sim30$,且(　　)。

  A. 包括 20 岁不包括 30 岁   B. 不包括 20 岁包括 30 岁

  C. 不包括 20 岁和 30 岁   D. 包括 20 岁和 30 岁

(8) 在 SELECT 语句中,实现选择操作的子句是(　　)。

  A. SELECT   B. GROUP BY   C. WHERE   D. FROM

(9) 查询姓名不是 NULL 的数据语法正确的是(　　)。

  A. WHERE NAME ! NULL   B. WHERE NAME NOT NULL

  C. WHERE NAME IS NOT NULL D. WHERE NAME!=NULL

(10) 以下语句不正确的是(　　)。

  A. SELECT ＊ FROM emp;

  B. SELECT name,sal FROM emp;

  C. SELECT ＊ FROM emp JUST BY dept;

  D. SELECT ＊ FROM emp WHERE dept=1 AND sal<300;

◆ 5.4　数据库安全管理

  数据库的安全性是指保护数据库以防止不合法的使用所造成的数据泄露、篡改或破坏。在一般的计算机系统中,安全措施是层层设置的,如图 5-31 所示。

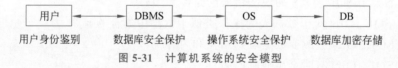

图 5-31　计算机系统的安全模型

  本节讨论和数据库相关的安全管理措施,包括用户身份鉴别、访问控制、数据加密。

5.4.1　用户身份鉴别

  用户身份鉴别是数据库系统提供的最外层保护措施,其方法是由系统提供一定的方式,让用户标识自己的身份。每次用户访问数据库系统时,由系统进行检验,通过身份鉴别后才能够正常访问数据库。常用的方法有用户识别(User Identification)和口令(Password)。

  1. 用户识别

  每个用户在系统中都有一个用户标识,每个用户标识由用户名(User Name)或用户标识号(UID)组成,用户名或用户标识号在系统的整个生命周期内是唯一的。

2. 口令

为了进一步核实用户,常常要求用户输入口令,系统核对口令以鉴别用户身份。常用的口令鉴别方法有静态口令鉴别、动态口令鉴别、生物特征鉴别和智能卡识别。

1) 静态口令鉴别

静态口令一般由用户自己设定,口令是静态不变的。数据库管理系统从口令的复杂度,口令的管理、存储及传输等多方面来保障口令的安全可靠。静态口令鉴别实施简单,但是容易被攻击,安全性较低。

2) 动态口令鉴别

动态口令鉴别方法中口令是动态变化的,每次鉴别时均需使用动态产生的新口令登录数据库管理系统,即采用一次一密的方法。目前常用的方式有短信密码和动态口令。与静态口令鉴别相比,动态口令鉴别的安全性相对高一些。

3) 生物特征鉴别

生物特征鉴别是指通过生物特征进行认证的技术。生物特征是指生物体唯一具有的,可测量、识别和验证稳定的生物特征,例如,指纹、虹膜和掌纹等。生物特征鉴别与传统的口令鉴别相比安全性较高。

4) 智能卡识别

智能卡是一种不可复制的硬件,内置集成电路芯片,具有硬件加密功能。智能卡由用户随身携带,登录数据库管理系统时用户将智能卡插入专用的读卡器进行身份验证。由于每次从智能卡中读取的数据是静态的,通过内存扫描或网络监听等技术还是可能截取到用户的身份验证信息,存在安全隐患。因此,实际应用中一般采用个人身份识别码(PIN)与智能卡相结合的方式。

5.4.2 访问控制

数据库安全性的核心关注点是 DBMS 的存取控制机制。确保只授权给有资格的用户访问数据库的权限,同时令所有未被授权的人员无法访问数据,这些是通过数据库系统的存取访问机制实现的。存取访问主要包括以下两部分。

(1) 定义用户权限并将用户权限登记到数据字典中。

用户对某一数据对象的操作权利称为权限。数据库管理系统提供适当的语言来定义用户权限,这些定义经过编译后存储在数据字典中,被称作安全规则或授权规则。

(2) 合法权限检查。

每当用户发出存取数据库操作请求,数据库管理系统查找数据字典,根据安全规则进行合法权限检查。若用户的操作请求超出了定义的权限,系统将拒绝执行此操作。

权限定义和合法权限检查机制一起组成了数据库管理系统的存取控制子系统。当前大型的 DBMS 一般都支持自主存取控制(Discretionary Access Control,DAC),有些 DBMS 支持更高级别的强制存取控制(Mandatory Access Control,MAC)。

(1) 自主存取控制。

用户对不同的数据库对象有不同的存取权限,不同的用户对同一对象也有不同的权限,而且用户还可将其拥有的存取权限转授给其他用户。因此,自主存取控制非常灵活。

（2）强制存取控制。

每一个数据库对象被标以一定的密级,每一个用户也被授予某一个级别的许可证。对于任意一个对象,只有具有合法许可证的用户才可以存取。强制存取控制相对比较严格。

5.4.3 数据加密

数据加密是防止数据库中的数据在存储和传输中失密的有效手段。加密的基本思想是根据一定的算法将原始数据——明文(plain text)变换为不可直接识别的格式——密文(cipher text),从而使得不知道解密算法的人无法获知数据的内容。

数据加密的方法主要有两种,一种是替换方法,该方法使用密钥(Encryption Key)将明文中的每一个字符转换为密文中的一个字符。另一种方法是置换,该方法仅将明文中的字符按照不同的顺序重新排列。常常把两种方法结合起来使用,提高数据的安全程度。

数据加密的类型主要包括存储加密和传输加密。

1. 存储加密

存储加密分为透明存储加密和非透明存储加密。

透明存储加密是数据在写到磁盘时对数据进行加密,授权用户读取数据时再对其进行解密。由于数据加密对用户透明,数据库的应用程序不需要做任何修改,只需在创建表语句中说明需加密的字段即可。透明存储加密是内核级加密保护方式,对用户完全透明,其加密、解密方法性能较好,安全完备性较高。

非透明存储加密常常通过多个加密函数实现数据加密。

2. 传输加密

传输加密是指在数据链路层进行加密,传输信息由报头(路由选择信息)和报文(传送的数据信息)两部分组成,对报文和报头均加密。传输加密实现了端到端加密,即在发送端加密,接收端解密,只加密报文,不加密报头,只在发送端和接收端需要密码设备,而中间结点不需要密码设备,因此它所需密码设备数量相对较少。但是由于不加密报头,从而容易被非法监听并从中获取敏感信息。

5.4.4 习题与实践

1. 填空题

（1）常用的口令鉴别方法有_____、_____和_____。

（2）加密的基本思想是根据一定的算法将原始数据——_____变换为不可直接识别的格式——_____,从而使得不知道解密算法的人无法获知数据的内容。

2. 选择题

（1）数据库的安全管理措施包括（　　）。

    A. 用户身份鉴别　　　　　　　　　B. 访问控制

    C. 数据库加密　　　　　　　　　　D. 杀毒软件

（2）确保只授权给有资格的用户访问数据库的权限,同时令所有未被授权的人员无法访问数据,这些是通过数据库系统的存取访问机制实现的。存取访问主要包括（　　）。

    A. 定义用户权限　　　　　　　　　B. 存储加密

    C. 合法权限检查　　　　　　　　　D. 口令鉴别

第6章

调查问卷的设计与数据处理

本章概要

问卷调查是社会调查的一种主要的数据收集手段。当一个研究者想通过社会调查来研究一个现象时(例如,是什么因素在影响大学生对一门课程教学的满意度),就可以用问卷调查的方式来收集数据。因特网上一些支持在线调查的网站,如网题在线调查平台、问卷星、数据100、爱调研使问卷调查的开展更加便捷,受众面更广。

如何设计一份问卷调查? 对于问卷调查收集的数据如何进行处理? 如何撰写一份调查报告? 这些是本章要解决的问题。

学习目标

通过本章的学习,要求达到以下目标。

(1) 了解问卷调查的设计方法。

(2) 掌握数据的分析方法。

(3) 理解数据的统计信息和预处理过程。

◆ 6.1 调查问卷的设计

完成调查问卷工作的一般步骤包括四步,如图 6-1 所示。

图 6-1　调查问卷的工作流程

1. 调查问卷设计的准备工作

要设计一份理想的问卷不能靠凭空想象,而要立足于充分的调研工作。研究者首先要通过一定的途径(例如,阅读论文资料、与个别对象做初步的访谈、收集素材等)理解调查问题的实质和背景,从而确定问卷调查的目的和内容。阅读收集的资料可以帮助研究者加深对所调查研究问题的认识,最终形成对目标总体的清楚概念,其次可以为问题设计提供丰富的素材,是好的问卷设计的根本。对个别调查对象进行访问,可以帮助了解受访者的经历、习惯、文化水平以及对问卷问题知识的丰富程度等。调查对象的群体差异越大,就越难设计一个适合整个群体的问卷。

2. 调查问卷的构成

一份调查问卷通常由卷首语、主体等部分组成。卷首语通常包括：问卷调查的发起人、调查的目的和用处、指导语以及其他事项（如告诉对方本次调查的匿名性和保密性原则，调查不会对被调查者产生不利的影响，感谢受调查者的合作，答卷的注意事项等）。问卷的主体，即问题。

1）问题的类型

问题的类型一般分为开放式和封闭式两种。

开放式问题就是调查者不提供任何可供选择的答案，由被调查者自由答题，这类问题能自然地充分反映调查对象的观点、态度，因而所获得的材料比较丰富、生动，但统计和处理所获得的信息的难度较大。开放式问题通常为填空题和问答题。

封闭式问题会提供调查者几种不同的答案，这些答案既可能相互排斥，也可能彼此共存，让调查对象根据自己的实际情况在答案中选择。封闭式问题便于统计分析，所获得的信息的价值很大程度上取决于问卷设计自身的科学性、全面性的程度。封闭式问题通常可以分为是否题、选择题和判断题。

2）问题主体的结构

问题主体内容的安排应体现调查内容的逻辑性，可以根据调查的内容分为若干个部分。其中第一个部分通常为个人信息，可以包括性别、年龄、学历、工作部门、专业等内容，这些内容通常构成数据分析中的分类字段，支持分类统计等分析操作。

3. 调查问卷设计应注意的问题

（1）问卷的内容能正确反映调查的目的。题目目的明确，突出重点，没有可有可无的问题，也不要一题多问。

（2）结构合理、逻辑性强。问题的排列应有一定的逻辑顺序，符合应答者的思维程序。一般是先易后难、先简后繁、先具体后抽象。

（3）问卷的用词要准确恰当。问卷的用词要符合应答者的理解能力和认识能力。问卷中语气要亲切，避免使用专业术语。对敏感性问题要采取一定的技巧调查，使问卷具有合理性和可答性，避免使用有倾向性的问题，以免答案失真。

（4）便于资料的校验、整理和统计。

（5）调查报告不是调查数据的简单堆砌，而是要归纳提升，阐述自己从问卷调查中看到的事实，得出的结论。调查报告的书写应分析数据的显示方式，统计结果可以使用图表、数据透视表、表格等多种方式进行展示；分析结果的结构化阐述；针对分析数据，进一步寻找产生这样结果的原因和根源。

4. 调查问卷示例

华东师范大学教职工健康促进行动计划问卷调查表 标题

尊敬的老师：您好！ 卷首语

我们是体育与健康学院"华东师范大学教职工健康促进"项目组，为了协助学校工会将我校教职工健康促进工作落实得更好，特进行此问卷调查。本次调查可能需要占用您5～8分钟时间，调查内容主要包括您的身体健康状况、体育锻炼意识以及体育锻炼的现状和需求。本调查采用匿名方式，调查结果仅作为项目论证所用，恳请您能根据个人情况如实填写这份问卷。您的意见将对我们设计和实施"华东师范大学教职工健康促进行动计划"提供非常有价值的参考信息,衷心感谢您的支持与帮助,谢谢!

体育与健康学院
"华东师范大学教职工健康促进"项目组

主体结构分为四部分

一、个人基本信息

1. 您的性别是:_____　A. 男　B. 女　单选

2. 您的年龄是:_____　A. 20～29 岁　B. 30～39 岁　C. 40～49 岁　D. 50～59 岁　E. 60 岁以上

3. 您所属的院系/部门:_____　填空

4. 您的岗位类型属于下列哪一类?

A. 专任教师岗位　B. 其他专业技术岗位　C. 管理岗位　D. 工勤技能岗位　E. 其他

二、身体健康基本现状

1. 您是否有吸烟的习惯? A. 是　B. 否　　是否

2. 您每天看电视或使用计算机的时间超过 2 小时吗?

A. 是,平均每天花费_____小时　　B.否

三、体育锻炼基本现状

1. 您经常锻炼的体育场所是:_____(最多选三项,并按使用频率高低排序)

A. 公园、广场　　B. 学校体育场所　　C. 社区公共体育场所　评判

D. 健身俱乐部/会所　　E.自家庭院

2. 您在过去 7 天中,每个工作日处于静态的时间是(例如在工作单位和家中,坐在办公桌前、计算机前、坐着或躺着看电视、聊天和看书的时间,但不包括坐在车里的时间。下一题同):

平均每天_____小时。

四、体育锻炼的意识与需求

您参加体育锻炼的主要目的是:_____(可多选,最多选 3 项)　多选

A. 提高身体素质　B. 满足运动兴趣　C. 社会交往、联络感情　D. 提高运动技术水平　　E. 调节情绪、调节精神　F. 健美体形　G. 缓解疲劳　H. 磨练意志　I. 参赛取胜

五、对本项目的意见和建议

您对于我们在校内通过体育活动和相应服务来保持和促进教职工们的健康是否认同? 如愿意,请在以下空行处留下您的宝贵意见和建议:

_____　问答

最后,再次感谢您的积极配合,我们将根据您填写的内容制订相应的计划。我们将以全心全意为您服务为宗旨,以改善您的身体健康状况为目标,愿您在参与我们的行动计划后,获得满意的效果!

体育与健康学院
"华东师范大学教职工健康促进"项目组

◆ 6.2 问卷原始数据的录入

原始数据的录入就是将每一份答卷的答案录入 Excel 工作表中,录入后再进一步地统计分析。故在录入时要考虑到方便统计的进行。对于不同的题型可做不同的录入设计,如图 6-2 所示。

	A	B	C	D	E	F	G
1	问卷编号	(一)1 是否题	(一)2 单选题	(四)2 多选题	(三)4 评判题	(三)7 填空题	(五) 问答题
2	1	1	1	139	135	1	XXXXXXXXXXXXXXXXXXXXXXXXX
3	2	0	3	256	431	4	XXXXXXXXXXXXXXXXXXXXXXXXX
4	3	1	2	148	315	2	XXXXXXXXXXXXXXXXXXXXXXXXX
5	4	1	5	367	251	1	XXXXXXXXXXXXXXXXXXXXXXXXX
6	5	1	3	147	215	2	XXXXXXXXXXXXXXXXXXXXXXXXX
7	6	0	2	245	415	3	XXXXXXXXXXXXXXXXXXXXXXXXX
8	7	0	1	168	235	4	XXXXXXXXXXXXXXXXXXXXXXXXX
9	8	1	4	369	435	1	XXXXXXXXXXXXXXXXXXXXXXXXX
10	9	1	5	456	152	1	XXXXXXXXXXXXXXXXXXXXXXXXX
11	10	0	2	159	321	1	XXXXXXXXXXXXXXXXXXXXXXXXX
12							
13							
14							
15							
16							
17							
18							
19							

图 6-2　问卷原始数据录入示例

图 6-2 以《华东师范大学教职工健康促进行动计划问卷调查表》的题目为例说明录入设计的方法。

(1) 对每一份问卷进行编号,方便录入后问卷答案的备查,也方便对数据排序后返回原始录入的状态。

(2) 是否题的数据转换为 1 和 0 录入,1 表示"是"或"满意",0 表示"不是"或"不满意",录入结束只需累加,得到的累加值是选择"是"的人数,类似性别的字段也可以采用这种方式录入。

(3) 选择题的数据转换为 $1\sim n$ 的数字,代替字母 A～E。单选题直接写转换后的数字。多选题和评判题的区别在于:多选题按 $1\sim n$ 升序录入,评判题要反映重要性评判等级,故需要按答卷人指定的顺序录入。

(4) 填空题的设计尽可能不要填写过于分散的有异议的答案,可以填写数值或固定字符串,录入时直接录入。问答题可选择性文字录入。

(5) 录入的两种方法:一是在工作表中直接录入,问卷的答案已统一为数字,所以直接输入也有较快的速度,在录入时,可冻结窗口的首行,使标题始终显示;二是记录单录入,将工作表区域转换为表格后,执行"记录单"命令,以记录单的模式录入,如图 6-3 所示,以增加录入的可靠性。

记录单命令不是常用命令,需要自行添加。添加的方法是:单击"文件"→"选项"→"自定义功能区",在左边"从下列位置选择命令"下拉框中选择"不在功能区的命令",在下方的列表框中找到"记录单",添加到右面自己创建的新建组中。

图 6-3　问卷原始数据录入记录单界面示例

◆ 6.3　数据的统计分析方法

数据录入完毕,就要统计每一道题每一个选项的计数情况,如图 6-4 所示为是否题、单选题和多选题的统计结果。

L	M	N	O
	10	计数	百分比
(一)1	1	6	60.00%
	0	4	40.00%
(一)2	1	2	20.00%
	2	3	30.00%
	3	2	20.00%
	4	1	10.00%
	5	2	20.00%
(四)2	1	5	50.00%
	2	3	30.00%
	3	3	30.00%
	4	4	40.00%
	5	4	40.00%
	6	5	50.00%
	7	2	20.00%
	8	2	20.00%
	9	3	30.00%

图 6-4　答卷的问题分项统计示例

1. 是否题的统计

是否题的统计比较简单,"是"的值为 1,"否"的值为 0,只需使用累加和公式完成。计算"是"的公式为 SUM(B:B),计算"否"的公式为总人数减去选择"是"的人数 COUNT(B:B)−N2。

2. 单选题的统计

单选题的选项有 1~n 多个,为每一个选项和选项的计数设置单元格。计算 C 列中不同选项的个数可以使用 COUNTIF 函数完成。例如,统计选择选项 1 的人数的公式＝COUNTIF(C:C,"＝1"),考虑到公式填充,可以修改公式为＝COUNTIF(C:C,"＝"&M4),m4 表示选项"1"。

也可以使用 FREQUENCY 数组公式完成,选择区域 N4:N8,输入数组公式"＝FREQUENCY(C2:C11,M4:M8)",返回垂直数组结果。

3. 多选题的统计

多选题的答案虽然是由数字构成的,但我们关注的不是构成的数值大小,而是要将其中的数字逐一分离出来,所以应按数字字符串来看待,设置该类数字属性为"文本"后再输入数据。如果输入时没有设置"文本"类型,可以使用"分列"工具在第三步选择"文本"修改。

统计每一个选项出现的次数可以用 COUNTIF 函数配合通配符完成,公式为:"＝COUNTIF(D2:D11," * 1 * ")",考虑到公式的通用性,可以修改公式为:"＝COUNTIF(INDIRECT("D2:D"&COUNTA(A:A))," * "&M9&" * ")",M9 是选项"1",公式填充后自动偏移修改。

还可以使用 SUMPRODUCT 函数配合 FIND 函数完成,例如,统计选项"1"的公式为:"＝SUMPRODUCT(ISNUMBER(FIND("1",\$D\$2:\$D\$11)) * 1)"

解释为:先使用 FIND 函数查找 1 是否在 D2 中出现,如果 D2 包含"1",返回 1 在字符串中出现的位置序号,如果不包含,返回错误 ♯VAULE!。接着顺次查找 D3,一直到 D11,得到一个返回值数组{1,♯VAULE!,1,♯VAULE!,1,♯VAULE!,1,♯VAULE!,♯VAULE!,1},接着 ISNUMBER 函数判断数组中的值是否为数值型数据,得到结果数组{TRUE,FALSE,TRUE,FALSE,TRUE,FALSE,TRUE,FALSE,FALSE,TRUE},数组乘1,逻辑类型数据自动转换为 0 和 1 参加运算得到数组{1,0,1,0,1,0,1,0,0,1},SUMPRODUCT 函数最后累加和数组中的数据得到 5。

读者可以自行修改该公式,完成每一个选项的统计。

4. 评判题的统计

评判题的统计不仅要统计每一个选项出现的次数,还要考虑出现的位置,是第一个出现,还是第二个出现,还是第三个出现,位置的不同表示重要性和优先级别的不同,所以可以有不同的统计方式。

首先将数据分列如图 6-5(a)所示,第一列表示按重要性做的第一选择,第二列表示第二选择,依次下去,本例中分为三列。

第一种统计方法如图 6-5(b)所示,加权统计每一选项出现的频度值。假设三个选项的权值分配为(50%,30%,20%),计算选项 1 出现的频度的公式为:

$$=COUNTIF(F:F,"=1") * 0.5+COUNTIF(G:G,"=1") *$$
$$0.3+COUNTIF(H:H,"=1") * 0.2$$

第二种统计方法如图 6-5(c)所示,按出现顺序分别进行统计各个选项在不同位置出现的次数,统计选项 1 在第一位置出现次数的公式:COUNTIF(F:F,"="&\$M24),M24 表示选项"1",M 前要用\$锁定,便于公式向右填充。

5. 分类字段的交叉统计

上面叙述的是对所有问卷数据的选项统计,还可以根据分类字段进行深入的数据分析,上面示例(一)中 1 表示性别,0 为女,1 为男,示例(二)的单选题的 5 个选项表示 5 个年龄段,使用数据透视表可以进一步揭示出不同年龄段的男女比例,数据透视表行标签取性别,列标签取年龄段,数据区对年龄段的人数计数,如图 6-6 所示。数据表的第一行表示各个年

(三)4			
	1	2.5	25.00%
	2	2	20.00%
	3	2.2	22.00%
	4	1.5	15.00%
	5	1.8	18.00%

(b) 加权统计

F	F	G	H
(三)4 评判题			
135	1	3	5
431	4	3	1
315	3	1	5
251	2	5	1
215	2	1	5
415	4	1	5
235	2	3	5
435	4	3	5
152	1	5	2
321	3	2	1

(a) 数据分列

(三)4	1	2	3
1	2	3	3
2	3	1	1
3	2	4	0
4	3	0	0
5	0	2	6

(c) 分组统计

图 6-5　评判题的统计示例

龄段女性的人数,数据表的第一列表示 20~29 岁年龄段的男性和女性的人数。行总计统计每一年龄段的人数,列总计统计男女的人数。

		20~29岁	30~39岁	40~49岁	50~59岁	60岁以上	
	计数项:	1	2	3	4	5	总计
女	0	1	2	1			4
男	1	1	1	1	1	2	6
	总计	2	2	2	2	2	10

图 6-6　数据透视表分析示例

根据嵌套分类字段组合查询,还可以得到更多的分析信息,例如,要研究性别、年龄段和看电视的时间(题(二)第 2 题)之间的关系,可将性别、年龄段设置为分类标签,使用数据透视表进行交叉统计。示例数据源如图 6-7(a)所示,因示例数据有限,把年龄段缩小在 1、3、5 三段;是否看电视一列中"1"表示看电视,"0"表示不看电视。看电视的时间以小时整数表示。数据透视表中行标签取字段:性别、是否看电视;列标签取字段:年龄段;数据区域取是否看电视的计数项和看电视时间的平均值得到数据透视图如图 6-7(b)所示。

从图中可以读出的信息:20~29 岁无论男性和女性都不看电视;40~49 岁的女性看电视,平均每天看电视 2h,40~49 岁的男性不看电视;60 岁以上无论男性和女性都看电视,女性平均每天看电视 2.7h,男性平均每天看电视 3h。随着年龄的增长,看电视的时间随之增长。

性别	年龄段	是否看电视	看电视时间
1	1	0	0
0	3	1	2
1	5	1	4
1	5	1	3
0	5	1	2
0	1	0	0
0	3	1	3
1	3	0	0
0	5	1	4

(a) 相关原始数据

		20~29岁		40~49岁		60岁以上			
		计数项:是否看电视	平均值:看电视时间	计数项:是否看电视	平均值:看电视时间	计数项:是否看电视	平均值:看电视时间		
女	⊟0	1	0.0	1	2.0	3	2.7	5.0	2.0
不看电视	0	1						1.0	0.0
看电视				1	2.0	3	2.7	4.0	2.5
男	⊟1	1	0.0	2	0.0	2	3.5	5.0	1.4
不看电视	0	1	0.0	2	0.0			3.0	0.0
看电视						2	3.5	2.0	3.5
	总计	2	0.0	3	0.7	5	3.0	10.0	1.7

(b) 性别、年龄段和看电视的时间的数据透视表

图 6-7　根据嵌套分类字段组合查询得到更多分析信息

由此看出,在设计问卷时,多设计几个关乎分类字段的问题,有助于数据分析的多样化,从而挖掘出更多相关的信息。

◇ 6.4 问卷调查报告的书写

问卷调查报告是针对某一情况、某一事件经过问卷调查研究后,将所统计分析得到的数据和结果加以整理而写成的书面报告。调查报告不是调查数据的简单堆砌,而是要归纳提升,阐述自己从问卷调查中看到的事实,得出结论。

调查报告的书写考虑以下几个问题。

(1)分析数据的显示方式。统计结果可以使用图表、数据透视表、表格等多种方式进行展示。

(2)分析结果的结构化阐述。

(3)针对分析数据,进一步寻找产生这样结果的原因和根源。

实 验 篇

数据处理基础

实验目的

掌握工作表处理以及公式与函数的使用方法,包括工作表基本操作、工作表数据的导入和输入、批注、工作表格式设置、公式编写、常用函数以及数组公式。

实验内容

(1) 打开"实验 1\职工信息表.xlsx",按下述要求进行操作,参考样张图实 1-1,将结果以原文件名保存在"实验 1"下。

① 将 Sheet1 工作表重命名为"职工信息",将标题"某销售公司职工信息表"设置为隶书、字号 20、红色,在 A1:I1 区域跨列居中,为 A2:I21 区域设置蓝色边框。

② 计算工作表中所有职工的奖金(=基本工资×奖金系数)、实发工资(=基本工资+奖金)。在 G22 单元格中计算平均基本工资,保留到整数。

③ 利用条件格式将基本工资大于或等于 6000 的单元格字体设置为红色。

④ 在 C3、C9 和 C20 单元格插入批注"项目负责人"。

	A	B	C	D	E	F	G	H	I
1	某销售公司职工信息表								
2	工号	部门	姓名	出生年月	性别	职位	基本工资	奖金	实发工资
3	300107	公关部	黄俊	1978/3/28	男	部门经理	6500	1950	8450
4	300125	销售部	李伟嘉	1982/4/23	男	职员	6000	1800	7800
5	300108	销售部	周密	1985/5/1	女	职员	5800	1740	7540
6	300113	公关部	陈述	1990/2/16	男	实习职员	5500	1650	7150
7	300105	文案部	赵海洋	1983/7/21	男	职员	5900	1770	7670
8	300119	文案部	王萍	1980/2/11	女	职员	6000	1800	7800
9	300122	公关部	肖莉	1980/9/6	女	部门经理	6300	1890	8190
10	300112	公关部	吴娟	1987/9/23	女	职员	5600	1680	7280
11	300106	销售部	庄志安	1975/6/12	男	部门经理	6600	1980	8580
12	300102	销售部	胡敏	1989/9/21	女	职员	5700	1710	7410
13	300121	公关部	孙小华	1984/7/13	女	职员	5700	1710	7410
14	300101	销售部	周伟平	1983/10/4	男	职员	5800	1740	7540
15	300110	公关部	王小样	1991/9/17	男	实习职员	5400	1620	7020
16	300123	公关部	朱英	1988/8/11	女	职员	5600	1680	7280
17	300117	文案部	林芝玲	1979/11/21	女	部门经理	6400	1920	8320
18	300111	文案部	卢伟	1991/12/18	男	实习职员	5400	1620	7020
19	300126	销售部	李美玲	1985/6/6	女	职员	6000	1800	7800
20	300128	销售部	金毅	1985/9/23	男	部门经理	6300	1890	8190
21	300120	公关部	刘丽平	1986/5/17	女	职员	6100	1830	7930
22						平均基本工资	5926		

图实 1-1   样张 1

（2）在"实验 1"中新建文件"学生成绩表.xlsx"，将"学生成绩.txt"中的数据导入"学生成绩表.xlsx"中，并按下述要求进行操作，参考样张图实 1-2，将结果以原文件名保存在"实验 1"下。

① 适当加宽各列宽度；在表最上方插入行，并输入标题"学生成绩统计"，在 B25、B26 和 B27 中分别输入"平均分""最高分"和"最低分"。

② 设置标题：华文琥珀，18，蓝色，个性 1；将 A1:I1 区域合并居中，加橙色底纹；为数据表设置边框：外框为双线，内框为单线，颜色：深蓝，文字 2。

③ 计算每个学生的总分；计算各科成绩和总分的平均分（保留到整数）、最高分和最低分，填入合适的单元格中，如图实 1-2 所示。

④ 计算成绩评定并填入 I 列，评定标准：总分大于或等于 500 为优，大于或等于 450 且小于 500 为良，低于 400 为不合格，其他为合格。

⑤ 利用条件格式将语文、数学、英语成绩小于 90 分的单元格填充为浅绿色；利用条件格式为总分设置"红-黄-绿"色阶。

	A	B	C	D	E	F	G	H	I
1					学生成绩统计				
2	学号	姓名	语文	数学	英语	物理	综合	总分	成绩评定
3	2020121011	貂季禅	112	101	135	117	24	489	良
4	2020121012	夏史敦	87	123	117	122	20	469	良
5	2020121013	夏侯渊	79	101	84	110	21	395	不合格
6	2020121014	刘海备	124	140	146	132	22	564	优
7	2020121015	孙士权	125	123	125	129	24	526	优
8	2020121016	周尔泰	67	68	83	62	19	299	不合格
9	2020121017	庞学统	114	135	117	146	23	535	优
10	2020121018	姜圣维	107	131	137	134	22	531	优
11	2020121019	诸葛亦亮	130	135	150	132	25	572	优
12	2020121020	司马依懿	126	105	149	90	24	494	良
13	2020121021	周达瑜	129	134	147	101	25	536	优
14	2020121022	关高羽	116	120	135	132	19	522	优
15	2020121023	马吉超	73	101	104	117	22	417	合格
16	2020121024	吕算布	66	51	68	53	20	258	不合格
17	2020121025	典基韦	42	51	80	74	16	263	不合格
18	2020121026	张丏辽	105	117	135	122	23	502	优
19	2020121027	徐林盛	94	117	98	116	22	447	合格
20	2020121028	许邓褚	62	68	84	65	18	297	不合格
21	2020121029	曹尚操	127	134	143	137	21	562	优
22	2020121030	张登飞	73	78	68	56	25	300	不合格
23	2020121031	赵雪云	109	131	128	132	17	517	优
24	2020121032	黄晓忠	120	117	141	101	21	500	优
25		平均分	99	108	117	108	22	454	
26		最高分	130	140	150	146	25	591	
27		最低分	42	51	68	53	16	230	

图实 1-2　样张 2

（3）打开"实验 1\超市销售表.xlsx"，按下述要求进行操作，参考样张图实 1-3，将结果以原文件名保存在"实验 1"下。

① 将标题设置为华文仿宋、20 磅、深红色、加粗；在 A1:G1 区域合并居中；为数据表设置套用表格样式"表样式中等深浅 12"。

② 用数组公式计算库存量和销售分析；库存量＝进货量－售出量；销售分析：库存量大于 50 为差，20～50 为一般，其余为良好。

③ 在 J4 中利用数组公式计算销售总额，并设置为货币、整数。在 J5 中计算货品种类数。

④ 利用条件格式将单价高于平均值的价格设置为红色；利用条件格式为售出量设置图

标集中的三色交通灯(无框),并修改规则为：大于或等于 600 为红色交通灯,大于或等于
300 为黄色交通灯,其他为绿色交通灯。

⑤ 找到无库存的商品,并为该商品名称单元格插入批注"售罄",显示批注,如图实 1-3
所示。

	A	B	C	D	E	F	G	H	I	J
1	超市本月部分货物销售情况表									
2	货品型号	名称	进货量（箱）	售出量（箱）	单价	库存量（箱）	销售分析			
3	SPL-01	饼干	720	695	230	25	一般			
4	SPL-09	咖啡	430	370	320	60	差		销售总额：	¥1,580,950
5	SPL-13	糖果	370	260	220	110	差		货品种类数：	18
6	SPL-24	蜜饯	210	173	120	37	一般			
7	SPL-07	奶粉	690	690	450	0	良好			
8	SPL-06	肉铺	180	87	230	93	差			
9	RYP-01	洗衣液	230	160	450	70	差			
10	RYP-03	柔软剂	180	110	330	70	差			
11	RYP-04	洗洁精	450	449	280	1	良好			
12	RYP-05	漂白剂	320	213	190	107	差			
13	RYP-07	卷筒纸	540	517	100	23	一般			
14	RYP-11	消毒液	310	299	110	11	良好			
15	TYP-02	无碘盐	200	200	210	0	良好			
16	TYP-06	味精	120	80	280	40	一般			
17	TYP-08	绵白糖	110	90	370	20	一般			
18	TYP-11	米醋	960	910	315	50	一般			
19	TYP-12	酱油	260	250	260	10	良好			
20	TYP-17	橄榄油	320	220	390	100	差			

图实 1-3　样张 3

数据分析——公式函数

实验目的

（1）认识数值、文本、逻辑、日期与时间类型的数据。

（2）掌握数学函数、逻辑函数、文本函数、日期与时间函数、查找函数等的使用方法。

（3）掌握数组公式的运用。

实验内容

（1）打开"sy2-1 新员工考核成绩表.xlsx"文件，完成以下操作要求，计算结果如图实 2-1 所示。

① 在数据区域 F2:G15 中统计考核总分和考核平均分（四舍五入到小数点后两位）。

② 根据考核总分在数据区域 H2:H15 中评定考核等级，总分大于或等于 240 分为优秀，总分为 180（含）～240 分为合格，180 分以下为不合格。

③ 在数据区域 N2:N15 中统计是否全勤，迟到、病假、事假、旷工全为 0 的情况下，显示全勤。

④ 统计全勤人数，结果置于单元格 N17 中。

序号	姓名	业务考核	专业考核	技能考核	考核总分	考核平均成绩	考核等级评定	迟到	病假	事假	旷工	年假	是否全勤
1	赵仑	87	97	72	256	85.33	优秀	1	0	0	1	0	
2	钱小美	43	50	61	154	51.33	不合格	1	0	1	1	0	
3	李国良	62	67	70	199	66.33	合格	0	0	0	0	0	全勤
4	周文娟	94	88	68	250	83.33	优秀	0	0	0	1	0	
5	吴浩	71	57	55	183	61.00	合格	0	0	0	0	0	全勤
6	王玉林	73	52	56	181	60.33	合格	1	0	0	0	5	
7	冯强	99	92	54	245	81.67	优秀	0	0	0	0	0	
8	陈紫彤	61	57	55	173	57.67	不合格	1	0	0	0	0	
9	诸文彬	70	69	74	213	71.00	合格	0	0	0	0	0	全勤
10	蒋小琴	88	83	64	235	78.33	合格	0	0	0	0	0	全勤
11	沈涛	59	92	90	241	80.33	优秀	0	1	0	0	0	
12	韩梅梅	58	67	96	221	73.67	合格	0	1	2	0	0	
13	朱琳琳	81	51	82	214	71.33	合格	0	2	1	0	0	
14	秦勇	91	76	58	225	75.00	合格	1	0	0	0	0	
												全勤人数	4

图实 2-1　新员工考核成绩信息

操作提示：

① 计算总分和平均分利用 SUM() 和 AVERAGE() 函数，对平均分四舍五入可以利用 ROUND() 函数。

② 评定考核等级利用 IF() 函数。

③ 统计是否全勤利用 IF() 函数和 AND() 函数。

④ 统计全勤可以利用 COUNTIF() 函数。

(2) 打开"sy2-2 员工信息表.xlsx"文件,完成以下操作要求,实验结果如图实 2-2 所示。

	A	B	C	D	E	F	G	H	I	J	K	L	M	N	O
1	编号	姓名	身份证号码	出生日期	性别	年龄	学历	入厂时间	工龄	职位	部门	岗位	联系地址	联系电话	掩码
2	BGBH1001	蔡丹丹	51112919770212**2*	1977/02/12	女	44	硕士	1999年5月1日	22	办公室 主任	办公室	主任	建设路体育商城	13778854001	1377885****
3	BGBH1002	张洪敏	33025319841023**4*	1984/10/23	女	37	硕士	1996年7月1日	25	办公室 文员	办公室	文员	金牛区万达路	18938457123	1893845****
4	BGBH1003	刘志文	41244619820326**0*	1982/03/26	女	39	硕士	1997年3月1日	24	办公室 后勤人员	办公室	后勤人员	深圳高达贸易大厦	15948573345	1594857****
5	CWBH1004	赵斌	41052119790125**3*	1979/01/25	男	42	本科	2002年9月1日	18	财务部 会计	财务部	会计	南山阳光城	13138644456	1313864****
6	CWBH1005	徐羽	51386119810521**2*	1981/05/21	女	40	本科	2002年7月1日	18	财务部 出纳	财务部	出纳	武阳大道338号	13245377124	1324537****
7	CHBH1006	钟知情	61010119810317**8*	1981/03/17	女	40	本科	1996年7月1日	25	项目部 项目经理	项目部	项目经理	北大街德鑫家园	13578386156	1357838****
8	CHBH1007	彭满	31048419830307**9*	1983/03/07	男	38	本科	1999年5月1日	22	项目部 策划师	项目部	策划师	解放路金地大道	13628584178	1362858****
9	CHBH1008	兰芳	10112519781222**4*	1978/12/22	女	43	大专	1999年5月1日	22	项目部 策划助理	项目部	策划助理	南山光城12F	13864588189	1386458****
10	CHBH1009	刘旸	21045619821120**5*	1982/11/20	男	39	大专	1996年10月1日	25	项目部 策划助理	项目部	策划助理	高新区龙新大厦	13599641456	1359964****
11	XSBH1010	陈登勇	41515319840422**7*	1984/04/22	男	37	大专	1997年7月16日	24	销售部 销售经理	销售部	销售经理	嘉州南路135号	13871231789	1387123****
12	XSBH1011	冷秋红	51178519831213**4*	1983/12/13	女	38	大专	2001年5月1日	20	销售部 销售经理	销售部	销售经理	科技路341号	13697585456	1369758****
13	XSBH1012	刘懿琛	51066219850915**4*	1985/09/15	女	36	大专	1995年12月1日	26	销售部 业务员	销售部	业务员	高新西区创业大道	13037985367	1303798****
14	XSBH1013	贺娜	51015819820915**2*	1982/09/15	女	39	大专	1994年7月1日	27	销售部 业务员	销售部	业务员	武侯区武侯大道101号	13145355555	1314535****
15	SCBH1018	李寿云	67011319810722**1*	1981/07/22	男	40	本科	2001年3月1日	20	生产部 生产主管	生产部	生产主管	成华区金珠小区6单元	13874131666	1387413****
16	SCBH1019	邓红桃	21325419850623**2*	1985/06/23	女	36	大专	2001年3月1日	20	生产部 质检主管	生产部	质检主管	天目路保利香槟国际11栋	18937557777	1893755****
17	SCBH1020	肖孝锋	10154719831126**4*	1983/11/26	女	38	大专	1997年3月1日	24	生产部 工人	生产部	工人	泰山南路森林12单元	13694585888	1369458****
18	SCBH1021	陈文	21141119850511**8*	1985/05/11	女	36	本科	2002年9月1日	18	生产部 工人	生产部	工人	天府新区天府家园一栋	15948673999	1594867****
19	SCBH1022	欧当运	12348619810918**6*	1981/09/18	女	40	本科	1996年7月1日	25	生产部 工人	生产部	工人	文昌南路美好家园2单元	13998568234	1399856****
20															
21															
22			学历为本科,年龄大于等于30的男性人数			2									
23															
24			岗位为经理的女性人数			2									

图实 2-2　员工档案信息

① 根据身份证号获取出生日期和性别。在 18 位身份证号码中,第 7~10 位为出生年份(4 位数),第 11~12 位为出生月份,第 13~14 位为出生日期,第 17 位代表性别,奇数为男,偶数为女。

② 根据出生日期和入厂时间计算年龄和工龄。

③ 根据职位获取员工的部门和岗位。

④ 为了隐私安全,将员工联系电话的后 4 位做掩码处理。

⑤ 统计学历为本科,年龄大于或等于 30 岁的男性员工人数。

⑥ 统计岗位为经理的女性员工人数。

操作提示:

① 利用文本函数 MID(),分别截取对应字段长度,然后利用"&"将各文本连接。

② 公式为"=MID(C2,7,4) & "/" & MID(C2,11,2) & "/" & MID(C2,13,2)"(实现方法很多,这里提供一种供参考)。

③ 利用日期函数计算,工龄可以利用 DATEDIF() 函数计算两个日期之间相差的年数,年龄可以利用 YEAR() 函数取得出生日期的年份和当前日期的年份,将这两个年份相减(当前日期可以利用 NOW() 或者 TODAY() 函数获取)。

④ 通过观察发现职位数据列中的内容分为两部分,中间是空格连接。通过定位空格的位置,利用 LEFT()、RIGHT()、FIND() 文本函数获取部门和岗位。

⑤ 公式为"=LEFT(J2,FIND(" ",J2) −1)""=RIGHT(J2,LEN(J2) −FIND(" ",J2))"。

⑥ 为了保护隐私和数据安全,掩码处理是数据处理过程中经常用到的一种方法。通常的方法就是将重要数据的部分字符用"＊"或者其他符号代替。字符替换利用的是 REPLACE() 文本函数。

⑦ 统计学历为本科,年龄大于或等于 30 岁的男性员工人数利用 COUNTIFS() 函数。

⑧ 统计岗位为经理的女性员工人数利用 COUNTIFS() 函数,其中,岗位为经理属于模糊匹配,可以利用"＊""?"通配符来完成。

（3）打开"sy2-3 停车费.xlsx"文件,表格中对某车库车辆的进入与驶出时间进行了记录,需要进行停车费的计算。计算标准为以半小时为计费单位,不足半小时按半小时计算。每半小时停车费为 4 元。实验结果如图实 2-3 所示。

	A	B	C	D	E
1	车牌号	开始时间	结束时间	分钟数	停车费
2	********	8:41:20	9:45:00	63	12
3	********	12:28:11	13:59:00	90	12
4	********	10:10:37	14:46:20	275	40
5	********	11:05:57	16:27:58	322	44
6	********	12:06:27	15:34:15	207	28
7	********	14:29:40	16:39:41	130	20

图实 2-3　停车费统计

操作提示:

① 利用时间函数 HOUR() 和 MINUTE() 计算分钟数。

② 以半小时为计费单位,将分钟数/30,不足半小时需要按半小时计算,可以利用 ROUNDUP() 函数。ROUNDUP() 函数是一个向上舍入函数,指定第 2 个参数为 0 时表示将小数向整数位向上舍入。

③ 公式为"＝ROUNDUP((D2/30),0)＊4"。

（4）打开"sy2-4 销售记录表.xlsx"文件,完成以下操作要求,实验结果如图实 2-4 所示。

	A	B	C	D	E	F	G	H	I	J	K
1	订单编号	销售日期	产品名称	销售额	利润		"奶糖"类总销售额		商品利润区间分析		
2	HYMS030301	2018/3/3	香橙奶费	1290	120		6951		利润区间	区间分割点	商品数目
3	HYMS030302	2018/3/3	奶油夹心饼干	867	43				0元~50元（含）	50	6
4	HYMS030501	2018/3/5	芝士蛋糕	980	69		3月份前半月销售额		51元~100元（含）	100	4
5	HYMS030502	2018/3/5	巧克力奶糖	887	32		8724		101元~150元（含）	150	2
6	HYMS030601	2018/3/6	草莓奶糖	1200	162				151元~200元（含）	200	1
7	HYMS030901	2018/3/9	奶油夹心饼干	1120	107		3月份后半月薯片的销售额		201元以上		1
8	HYMS031302	2018/3/13	草莓奶糖	1360	203		3727				
9	HYMS031401	2018/3/14	原味薯片	1020	51						
10	HYMS031701	2018/3/17	黄瓜味薯片	890	23		"饼干"类商品个数				
11	HYMS032001	2018/3/20	原味薯片	910	46		2				
12	HYMS032202	2018/3/22	哈蜜瓜奶糖	960	48						
13	HYMS032501	2018/3/25	原味薯片	790	39						
14	HYMS032801	2018/3/28	黄瓜味薯片	1137	67						
15	HYMS033001	2018/3/30	巧克力奶糖	1254	74						
16											
17			最大销售额	1360							
18			最低利润	23							
19			排名前3的销售额	1360							
20				1290							
21				1254							
22			排名最后位的利润	23							
23				32							
24				39							

图实 2-4　销售记录信息

① 计算最大销售额、最低利润。

② 统计排名前 3 的销售额和排名后 3 的利润。

③ 统计"奶糖"类商品的总销售额。

④ 统计 3 月份前半月的销售额。

⑤ 统计 3 月份后半月薯片的销售额。

⑥ 统计"饼干"类商品的个数。

⑦ 分析商品利润区间。

操作提示：

① 计算最大值、最小值，利用 MAX() 和 MIN() 函数。

② 统计排名前 3 和排名后 3 可利用 LARGE()、SMALL() 函数，需要注意的是，这里需要利用数组公式和数组常数。

③ 统计"奶糖"类商品的总销售额可利用 SUMIF() 函数，其中，"奶糖"类属于模糊匹配，可以利用"＊""?"通配符来完成。

④ 统计 3 月份前半月的销售额可利用 SUMIF() 函数，日期的比较可以直接利用逻辑表达式"＜＝2018/3/15"完成。

⑤ 统计 3 月份后半月薯片的销售额可利用 SUMIFS() 函数。

⑥ 统计"饼干"类商品的个数可利用 COUNTIF() 函数和通配符来完成。

⑦ 分析商品利润区间，给定的利润区间显示在数据区域 I3:I7 单元格中，首先需要将文字版的给定利润区间转换为数字版的区间分隔点，转换的区间分隔点应为利润区间的上限，最后一个区间没有上限所以为空。利用 FREQUENCY() 函数完成统计，注意这里是数组公式，按 Ctrl＋Shift＋Enter 组合键确认输入的公式。

（5）打开"sy2-5 成绩统计查询表.xlsx"文件，根据不同的分数区间对员工按实际考核成绩进行等级评定，0(含)～59 分(含)评定为 E 级，60(含)～69 分(含)评定为 D 级，70(含)～79 分(含)评定为 C 级，80(含)～89 分(含)评定为 B 级，90(含)～100 分(含)评定为 A 级。通过姓名查找对应的部门、成绩和等级，完成以下操作要求，实验结果如图实 2-5 所示。

	等级分布			成绩统计表			
	分数	等级		姓名	部门	成绩	等级评定
	0	E		彭国华	销售部	93	A
	60	D		吴子进	客服部	84	B
	70	C		赵小军	客服部	78	C
	80	B		扬帆	销售部	58	E
	90	A		邓鑫	客服部	90	A
				王达	销售部	55	E
				苗振乐	销售部	89	B
				汪梦	客服部	90	A
				张杰	客服部	76	C
				成绩查询			
				姓名	部门	成绩	等级
				王达	售部	55	E

图实 2-5 成绩统计表

操作提示：

① 建立好分段区间，利用 VLOOKUP() 函数。

② 成绩查询中姓名内容利用数据验证完成，部门、成绩和等级根据姓名的内容自动查找结果。

公式为"＝VLOOKUP($D$16,$D$3:$G$11,2,FALSE)"

"＝VLOOKUP($D$16,$D$3:$G$11,3,FALSE)"

"＝VLOOKUP($D$16,$D$3:$G$11,4,FALSE)"

数据分析——排序、筛选、条件格式

实验目的

(1) 认识条件格式的用法。

(2) 掌握排序、筛选、条件格式等的使用方法。

(3) 能在实际数据环境中,灵活选择排序、筛选、条件格式的方法辅助数据分析。

(4) 能在条件格式中灵活运用公式。

实验内容

(1) 打开"sy3-1 商品购买信息.xlsx"文件,选择"排序"工作表,完成以下操作要求。

① 按照"商品名称"升序排序,结果如图实 3-1 所示。

	A	B	C	D	E	F	G
1	日期	商品名称	规格	进货地点	数量	单价	合计
2	2006/1/4	蛋黄派	400g	上夼西路	150	3.8	570
3	2006/1/21	蛋黄派	250g	三站	200	2.0	400
4	2006/1/9	怪味豆	200g	迎祥路	80	2.5	200
5	2006/1/30	怪味豆	400g	环海路	80	4.2	336
6	2006/1/1	好劲道方便面	大包	幸福2村	100	4.8	480
7	2006/1/2	好劲道方便面	小包	幸福2村	300	1.0	300
8	2006/1/23	夹心饼干	280g	迎祥路	160	2.0	320
9	2006/1/27	夹心饼干	280g	环海路	100	2.0	200
10	2006/1/15	康师傅方便面	大包	三站	120	7.2	864
11	2006/1/2	巧克力豆	小包	南大街	120	2.4	288
12	2006/1/31	巧克力豆	大包	南大街	100	3.9	390
13	2006/1/1	沙琪玛	大包	南大街	100	5.6	560
14	2006/1/8	沙琪玛	小包	上夼西路	100	3.0	300

图实 3-1 按照商品名称排序

② 名称相同的商品按照"合计"从大到小排序,如果"合计"相同,再按照"日期"的前后进行排序,结果如图实 3-2 所示。

③ 按照"进货地点"——"三站、迎祥路、环海路、南大街、上夼西路、幸福 2 村"的顺序排序,结果如图实 3-3 所示。

操作提示:

① 利用菜单栏"开始"选项卡的"编辑"组中的"排序和筛选"或者"数据"选项卡的"排序和筛选"组中的排序。汉字的排序方式有两种:一种是字母排序,另一

	A	B	C	D	E	F	G
1	日期	商品名称	规格	进货地点	数量	单价	合计
2	2006/1/4	蛋黄派	400g	上齐西路	150	3.8	570
3	2006/1/21	蛋黄派	250g	三站	200	2.0	400
4	2006/1/30	怪味豆	400g	环海路	80	4.2	336
5	2006/1/9	怪味豆	200g	迎祥路	80	2.5	200
6	2006/1/1	好劲道方便面	大包	幸福2村	100	4.8	480
7	2006/1/2	好劲道方便面	小包	幸福2村	300	1.0	300
8	2006/1/23	夹心饼干	280g	迎祥路	160	2.0	320
9	2006/1/27	夹心饼干	280g	环海路	100	2.0	200
10	2006/1/15	康师傅方便面	大包	三站	120	7.2	864
11	2006/1/31	巧克力豆	大包	南大街	100	3.9	390
12	2006/1/2	巧克力豆	小包	南大街	120	2.4	288
13	2006/1/1	沙琪玛	大包	南大街	100	5.6	560
14	2006/1/8	沙琪玛	小包	上齐西路	100	3.0	300

图实 3-2　按照商品名称、合计、日期排序

	A	B	C	D	E	F	G
1	日期	商品名称	规格	进货地点	数量	单价	合计
2	2006/1/21	蛋黄派	250g	三站	200	2.0	400
3	2006/1/15	康师傅方便面	大包	三站	120	7.2	864
4	2006/1/9	怪味豆	200g	迎祥路	80	2.5	200
5	2006/1/23	夹心饼干	280g	迎祥路	160	2.0	320
6	2006/1/30	怪味豆	400g	环海路	80	4.2	336
7	2006/1/27	夹心饼干	280g	环海路	100	2.0	200
8	2006/1/31	巧克力豆	大包	南大街	100	3.9	390
9	2006/1/2	巧克力豆	小包	南大街	120	2.4	288
10	2006/1/1	沙琪玛	大包	南大街	100	5.6	560
11	2006/1/4	蛋黄派	400g	上齐西路	150	3.8	570
12	2006/1/8	沙琪玛	小包	上齐西路	100	3.0	300
13	2006/1/1	好劲道方便面	大包	幸福2村	100	4.8	480
14	2006/1/2	好劲道方便面	小包	幸福2村	300	1.0	300

图实 3-3　按照进货地点排序

种是按笔画排序,默认情况下为按字母排序。单击"排序"对话框中的"选项"按钮,在打开的
"排序选项"对话框中,在"方法"组合框中可以选择汉字的排序方法,如图实 3-4 所示。

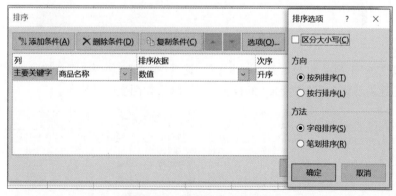

图实 3-4　汉字排序方法设置

② 多个关键字排序,设置如图实 3-5 所示。

③ 自定义序列排序,设置如图实 3-6 所示。

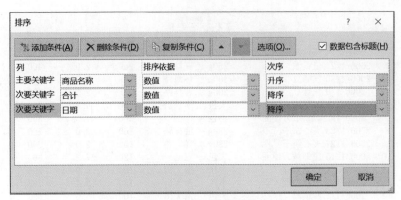

图实 3-5   多个关键字设置

图实 3-6   自定义序列设置

（2）打开"sy3-1 商品购买信息.xlsx"文件，选择"筛选"工作表，完成以下操作要求。

① 查询商品名称含有"方便面"的商品数据，结果如图实 3-7 所示。

▲	A	B	C	D	E	F	G
1	日期 ▼	商品名称 ▼	规格 ▼	进货地 ▼	数量 ▼	单价 ▼	合计 ▼
2	2006/1/1	好劲道方便面	大包	幸福2村	100	4.8	480
4	2006/1/2	好劲道方便面	小包	幸福2村	300	1.0	300
9	2006/1/15	康师傅方便面	大包	三站	120	7.2	864

图实 3-7   商品名称含有"方便面"的商品数据

② 查询进货地点为"南大街"或者"三站"的数据，结果如图实 3-8 所示。

③ 查询合计值最大的前 3 条数据，结果如图实 3-9 所示。

④ 查询商品名称为"夹心饼干"，进货地点为"环海路"的数据，结果如图实 3-10 所示。

	A	B	C	D	E	F	G
1	日期 ▾	商品名称 ▾	规格 ▾	进货地点 ▼	数量 ▾	单价 ▾	合计 ▾
3	2006/1/1	沙琪玛	大包	南大街	100	5.6	560
5	2006/1/2	巧克力豆	小包	南大街	120	2.4	288
9	2006/1/15	康师傅方便面	大包	三站	120	7.2	864
10	2006/1/21	蛋黄派	250g	三站	200	2.0	400
14	2006/1/31	巧克力豆	大包	南大街	100	3.9	390

图实 3-8　进货地点为"南大街"或者"三站"的数据

	A	B	C	D	E	F	G
1	日期 ▾	商品名称 ▾	规格 ▾	进货地 ▾	数量 ▾	单价 ▾	合计 ▼
3	2006/1/1	沙琪玛	大包	南大街	100	5.6	560
6	2006/1/4	蛋黄派	400g	上夼西路	150	3.8	570
9	2006/1/15	康师傅方便面	大包	三站	120	7.2	864

图实 3-9　合计值最大的前 3 条数据

	A	B	C	D	E	F	G
1	日期 ▾	商品名称 ▼	规格 ▾	进货地 ▼	数量 ▾	单价 ▾	合计 ▾
12	2006/1/27	夹心饼干	280g	环海路	100	2.0	200

图实 3-10　商品名称为"夹心饼干",进货地点为"环海路"的数据

⑤ 查询进货地点为"上夼西路",数量大于或等于 150,并且合计值大于或等于 300 的数据,结果如图实 3-11 所示。

	A	B	C	D	E	F	G
1	日期	商品名称	规格	进货地点	数量	单价	合计
2	2006/1/1	好劲道方便面	大包	幸福2村	100	4.8	480
3	2006/1/1	沙琪玛	大包	南大街	100	5.6	560
4	2006/1/2	好劲道方便面	小包	幸福2村	300	1.0	300
5	2006/1/2	巧克力豆	小包	南大街	120	2.4	288
6	2006/1/4	蛋黄派	400g	上夼西路	150	3.8	570
7	2006/1/8	沙琪玛	小包	上夼西路	100	3.0	300
8	2006/1/9	怪味豆	200g	迎祥路	80	2.5	200
9	2006/1/15	康师傅方便面	大包	三站	120	7.2	864
10	2006/1/21	蛋黄派	250g	三站	200	2.0	400
11	2006/1/23	夹心饼干	280g	迎祥路	160	2.0	320
12	2006/1/27	夹心饼干	280g	环海路	100	2.0	200
13	2006/1/30	怪味豆	400g	环海路	80	4.2	336
14	2006/1/31	巧克力豆	大包	南大街	100	3.9	390
15							
16			进货地点	数量	合计		
17			上夼西路	>=150	>=300		
18	日期	商品名称	规格	进货地点	数量	单价	合计
19	2006/1/4	蛋黄派	400g	上夼西路	150	3.8	570

图实 3-11　进货地点为"上夼西路",数量大于或等于 150,并且合计值大于或等于 300 的数据

⑥ 查询进货地点为"上夼西路",或者数量大于或等于 150,或者合计值大于或等于 300 的数据,结果如图实 3-12 所示。

操作提示:

① 选中数据表单中任一单元格,在"开始"选项卡"编辑"组,单击"排序和筛选",在弹出的菜单栏中选择"筛选"命令。单击标题行"商品名称"右边下拉按钮,在弹出的菜单栏中选

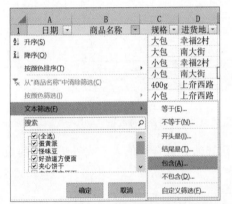

	A	B	C	D	E	F	G	H
1	日期	商品名称	规格	进货地点	数量	单价	合计	
2	2006/1/1	好劲道方便面	大包	幸福2村	100	4.8	480	
3	2006/1/1	沙琪玛	大包	南大街	100	5.6	560	
4	2006/1/2	好劲道方便面	小包	幸福2村	300	1.0	300	
5	2006/1/2	巧克力豆	小包	南大街	120	2.4	288	
6	2006/1/4	蛋黄派	400g	上夼西路	150	3.8	570	
7	2006/1/8	沙琪玛	小包	上夼西路	100	3.0	300	
8	2006/1/9	怪味豆	200g	迎祥路	80	2.5	200	
9	2006/1/15	康师傅方便面	大包	三站	120	7.2	864	
10	2006/1/21	蛋黄派	250g	三站	200	2.0	400	
11	2006/1/23	夹心饼干	280g	迎祥路	160	2.0	320	
12	2006/1/27	夹心饼干	280g	环海路	100	2.0	200	
13	2006/1/30	怪味豆	400g	环海路	80	4.2	336	
14	2006/1/31	巧克力豆	大包	南大街	100	3.9	390	
15								

	I	J	K	L	M	N	O
1		进货地点	数量	合计			
2		上夼西路					
3			>=150				
4				>=300			
5	日期	商品名称	规格	进货地点	数量	单价	合计
6	2006/1/1	好劲道方(	大包	幸福2村	100	4.8	480
7	2006/1/1	沙琪玛	大包	南大街	100	5.6	560
8	2006/1/2	好劲道方(	小包	幸福2村	300	1.0	300
9	2006/1/4	蛋黄派	400g	上夼西路	150	3.8	570
10	2006/1/8	沙琪玛	小包	上夼西路	100	3.0	300
11	2006/1/15	康师傅方(	大包	三站	120	7.2	864
12	2006/1/21	蛋黄派	250g	三站	200	2.0	400
13	2006/1/23	夹心饼干	280g	迎祥路	160	2.0	320
14	2006/1/30	怪味豆	400g	环海路	80	4.2	336
15	2006/1/31	巧克力豆	大包	南大街	100	3.9	390

图实 3-12　进货地点为“上夼西路”,或数量大于或等于 150,或合计值大于或等于 300 的数据

择“文本筛选”→“包含”,设置为“包含方便面”,如图实 3-13 所示。

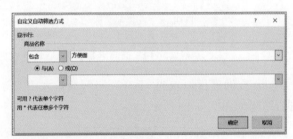

图实 3-13　商品名称含有“方便面”的文本筛选设置

② 设置方法同①,设置内容如图实 3-14 所示。

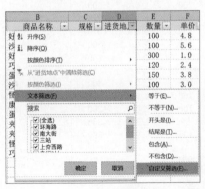

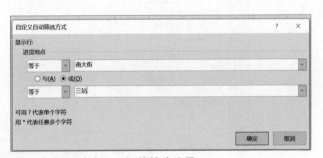

图实 3-14　进货地点为“南大街”或者“三站”的筛选设置

③ 设置方法同①,设置内容如图实 3-15 所示。

④ 设置方法同①,设置内容如图实 3-16 所示。

⑤ 在工作表中的单元格区域“C16:E17”中建立条件区域,选中数据表单中的任意一个非空单元格,打开“数据”选项卡,选择“排序和筛选”组中的“高级”菜单项,在打开的“高级筛选”对话框中列表区域、条件区域和复制到的设置如图实 3-17 所示。

⑥ 设置方法同⑤,设置内容如图实 3-18 所示。

图实 3-15　合计值最大的前 3 条数字筛选设置

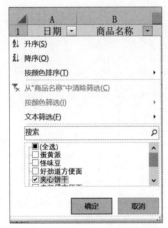

图实 3-16　商品名称为"夹心饼干"，进货地点为"环海路"的筛选设置

	A	B	C	D	E	F	G
1	日期	商品名称	规格	进货地点	数量	单价	合计
2	2006/1/1	好劲道方便面	大包	幸福2村	100	4.8	480
3	2006/1/1	沙琪玛	大包	南大街	100	5.6	560
4	2006/1/2	好劲道方便面	小包	幸福2村	300	1.0	300
5	2006/1/2	巧克力豆	小包	南大街	120	2.4	288
6	2006/1/4	蛋黄派	400g	上乔西路	150	3.8	570
7	2006/1/8	沙琪玛	小包	上乔西路	100	3.0	300
8	2006/1/9	怪味豆	200g	迎祥路	80	2.5	200
9	2006/1/15	康师傅方便面	大包	三站	120	7.2	864
10	2006/1/21	蛋黄派	250g	三站	200	2.0	400
11	2006/1/23	夹心饼干	280g	迎祥路	160	2.0	320
12	2006/1/27	夹心饼干	280g	环海路	100	2.0	200
13	2006/1/30	怪味豆	400g	环海路	80	4.2	336
14	2006/1/31	巧克力豆	大包	南大街	100	3.9	390
15							
16				进货地点	数量	合计	
17				上乔西路	>=150	>=300	
18							

图实 3-17　进货地点为"上乔西路"，数量大于或等于 150，并且合计值大于或等于 300 的高级筛选设置

图实 3-18　进货地点为"上卉西路",或者数量大于或等于 150,或者合计
值大于或等于 300 的高级筛选设置

（3）打开"sy3-1 商品购买信息.xlsx"文件,选择"条件格式"工作表,完成以下操作要求,结果如图实 3-19 所示。

图实 3-19　条件格式的设置

① 将有重复的商品名称加粗倾斜显示。

② 对合计设置蓝色数据条。

③ 将数量设置为红黄绿箭头图标集,数量在 100 以下设置为红色箭头,150 以上为绿色箭头,其他为黄色箭头。

④ 将单价高于平均值的数据单元格时设置为浅红填充色深红色文本。

⑤ 将满足日期为上半月,数量大于或等于 120 的数据所在行设置条件格式:图案颜色"浅蓝",图案样式为"25％灰色"。

操作提示:

① 选定 B2:B14,选择"开始"选项卡中"样式"组的"条件格式"下拉列表中的"突出显示单元格规则"→"重复值"命令,打开"重复值"对话框,将重复值设置为自定义格式,字形为加粗倾斜,如图实 3-20 所示。

② 选定 G2:G14,选择"开始"选项卡中"样式"组的"条件格式"下拉列表中的"数据条"下面的"实心填充"的"蓝色数据条"命令,打开"重复值"对话框,将重复值设置为自定义格

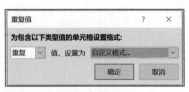

图实 3-20　重复值格式设置

式,字形为加粗倾斜,如图实 3-21 所示。

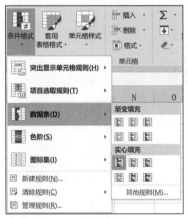

图实 3-21　设置数据条格式

③ 选定 E2:E14,选择"开始"选项卡中"样式"组的"条件格式"下拉列表中的"图标集"下面的"其他规则"命令,打开"新建规则类型"对话框,在对话框中默认选定的是"基于各自值设置所有单元格的格式",在"图标样式"下拉列表中选择红、黄、绿三箭头图标,将绿色箭头的值设置为 150,类型选择"数字",黄色箭头的值设置为 100,类型选择"数字",如图实 3-22 所示。

④ 选定 F2:F14,选择"开始"选项卡中"样式"组的"条件格式"下拉列表中的"项目选取规则"下面的"高于平均值"命令,打开"高于平均值"对话框,设置为"浅红色填充深红色文本",如图实 3-23 所示。

⑤ 选定 A2:G14,选择"开始"选项卡中"样式"组的"条件格式"下拉列表中的"新建规则"命令,打开"新建格式规则"对话框,选中"选择规则类型"的"使用公式确定要设置格式的单元格",并在"编辑规则说明"中输入公式"＝and($E2≥120,DAY($A2)≤15)",单击"预览"右侧的"格式"按钮,打开"设置单元格格式"对话框,选择合适的图案颜色和样式,如图实 3-24 所示。

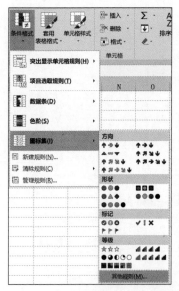

图实 3-22　设置图标集格式

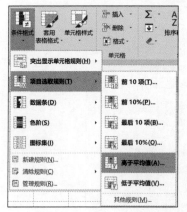

图实 3-23　设置项目选取规则格式

图实 3-24　设置数据规则公式和填充图案颜色样式

数据统计——分类汇总、数据透视表

实验目的

（1）掌握分类汇总、数据透视表、数据透视图等的使用方法。

（2）能在实际数据环境中，灵活选择分类汇总、数据透视表、数据透视图的方法辅助数据分析。

（3）能在数据透视表中灵活运用切片器。

实验内容

（1）打开"sy4-1电器销售表.xlsx"文件，选择"分类汇总"工作表，完成以下操作要求。

① 统计各类产品的数量与销售额总和，结果如图实4-1所示。

	A	B	C	D	E	F
1	地区	产品名称	单价	数量	销售额	销售员
2	东北	海尔	1750	74	129500	李渺渺
3	华北	海尔	1750	86	150500	崔宏伟
4	华北	海尔	1750	30	52500	李渺渺
5	西南	海尔	1750	15	26250	李渺渺
6	西南	海尔	1750	81	141750	韩飞飞
7	华南	海尔	1750	95	166250	刘冰
8	西北	海尔	1750	71	124250	高山
9		海尔 汇总		452	791000	
10	东北	海信	3700	68	251600	韩飞飞
11	西南	海信	3700	64	236800	孙志
12	西南	海信	3700	35	129500	崔宏伟
13	华南	海信	3700	60	222000	李渺渺
14		海信 汇总		227	839900	
15	东北	美菱	2800	65	182000	刘冰
16	东北	美菱	2800	20	56000	崔宏伟
17	华南	美菱	2800	83	232400	刘冰
18		美菱 汇总		168	470400	
19	华北	小天鹅	1600	92	147200	高山
20	西南	小天鹅	1600	10	16000	刘冰
21	西南	小天鹅	1600	90	144000	孙志
22	华南	小天鹅	1600	97	155200	孙志
23	西北	小天鹅	1600	68	108800	崔宏伟
24		小天鹅 汇总		357	571200	
25		总计		1204	2672500	

图实4-1　各类产品的数量与销售额总和

② 在①的基础上，统计各类产品的数量与销售额的平均值，结果如图实4-2所示。

③ 统计各地区各产品的数量与销售额，结果如图实4-3所示。

	A	B	C	D	E	F
1	地区	产品名称	单价	数量	销售额	销售员
2	东北	海尔	1750	74	129500	李渺渺
3	华北	海尔	1750	86	150500	崔宏伟
4	华北	海尔	1750	30	52500	李渺渺
5	西南	海尔	1750	15	26250	李渺渺
6	西南	海尔	1750	81	141750	韩飞飞
7	华南	海尔	1750	95	166250	刘冰
8	西北	海尔	1750	71	124250	高山
9		海尔 平均值		64.57143	113000	
10		海尔 汇总		452	791000	
11	东北	海信	3700	68	251600	韩飞飞
12	西南	海信	3700	64	236800	孙志
13	西南	海信	3700	35	129500	崔宏伟
14	华南	海信	3700	60	222000	李渺渺
15		海信 平均值		56.75	209975	
16		海信 汇总		227	839900	
17	东北	美菱	2800	65	182000	刘冰
18	东北	美菱	2800	20	56000	崔宏伟
19	华南	美菱	2800	83	232400	刘冰
20		美菱 平均值		56	156800	
21		美菱 汇总		168	470400	
22	华北	小天鹅	1600	92	147200	高山
23	西南	小天鹅	1600	10	16000	刘冰
24	西南	小天鹅	1600	90	144000	孙志
25	华南	小天鹅	1600	97	155200	孙志
26	西北	小天鹅	1600	68	108800	崔宏伟
27		小天鹅 平均值		71.4	114240	
28		小天鹅 汇总		357	571200	
29		总计平均值		63.36842	140657.9	
30		总计		1204	2672500	

图实 4-2　各类产品的数量与销售额汇总与平均值

	A	B	C	D	E	F
1	地区	产品名称	单价	数量	销售额	销售员
2	东北	海尔	1750	74	129500	李渺渺
3		海尔 汇总		74	129500	
4	东北	海信	3700	68	251600	韩飞飞
5		海信 汇总		68	251600	
6	东北	美菱	2800	65	182000	刘冰
7	东北	美菱	2800	20	56000	崔宏伟
8		美菱 汇总		85	238000	
9	东北 汇总			227	619100	
12		海尔 汇总		116	203000	
14		小天鹅 汇总		92	147200	
15	华北 汇总			208	350200	
17		海尔 汇总		95	166250	
19		海信 汇总		60	222000	
21		美菱 汇总		83	232400	
23		小天鹅 汇总		97	155200	
24	华南 汇总			335	775850	
26		海尔 汇总		71	124250	
28		小天鹅 汇总		68	108800	
29	西北 汇总			139	233050	
32		海尔 汇总		96	168000	
35		海信 汇总		99	366300	
38		小天鹅 汇总		100	160000	
39	西南 汇总			295	694300	
40	总计			1204	2672500	

图实 4-3　各地区各产品的数量与销售额

操作提示：

① 选中 B 列中任意一个非空单元格，然后打开"数据"选项卡，选择"排序"，将产品名称按照字母的升序排序。选中数据表单中的任意一个非空单元格，打开"数据"选项卡，选择"分类汇总"，在打开的对话框中设置分类字段为"产品名称"，汇总方式为"求和"，选定汇总项为"数量"和"销售额"，设置内容如图实 4-4 所示。

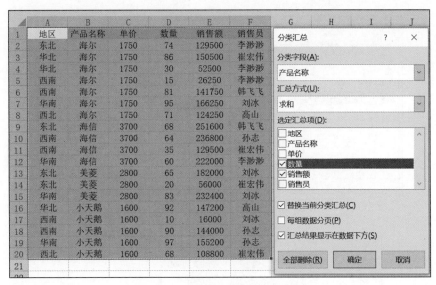

图实 4-4   总和的"分类汇总"对话框

② 在①汇总结果的基础上,打开"数据"选项卡,选择"分类汇总",在打开的对话框中设置汇总方式为"平均值",取消勾选"替换当前分类汇总"复选框,如图实 4-5 所示。

图实 4-5   平均值的"分类汇总"对话框

③ 在进行分类汇总时,分类字段必须是已经排好序的字段。首先对地区和产品名称设置如图实 4-6 所示。然后进行两次分类汇总操作,操作方法同①和②,设置内容如图实 4-7 所示。

(2)打开"sy4-1 电器销售表.xlsx"文件,选择"数据透视表"工作表,完成以下操作要求。

① 在新的工作表中统计各地区产品的销售量和销售额,并设置数据透视表的格式,结果如图实 4-8 所示。

② 在新的工作表中分别统计各地区、各产品、各销售员的销售额,并设置切片器按地

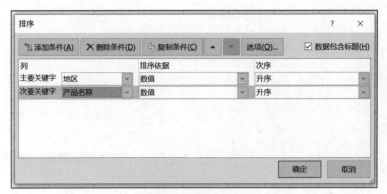

图实 4-6　自定义排序

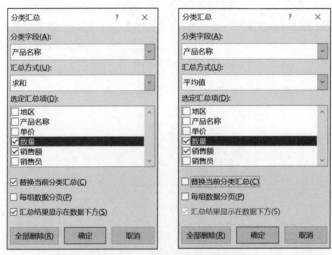

图实 4-7　两次分类汇总设置

	A	B	C	D	E	F	G	H	I
1	产品名称	值							
2		海尔		海信		美菱		小天鹅	
3	地区	求和项:销售额	求和项:数量	求和项:销售额	求和项:数量	求和项:销售额	求和项:数量	求和项:销售额	求和项:数量
4	东北	129,500	74	251,600	68	238,000	85		
5	华北	203,000	116					147,200	92
6	华南	166,250	95	222,000	60	232,400	83	155,200	97
7	西北	124,250	71					108,800	68
8	西南	168,000	96	366,300	99			160,000	100

图实 4-8　各地区产品销售量和销售额

区、产品、销售员筛选数据,结果如图实 4-9 所示。

③ 在新的工作表中实现各地区销售量和销售额的数据透视图,结果如图实 4-10 所示。

操作提示:

① 选中数据表单中任一非空单元格,在"插入"选项卡"表格"组,单击"数据透视表",弹出"创建数据透视表"对话框,单击"确定"按钮。在弹出的"数据透视表字段"对话框中分别设置行、列和值,如图实 4-11 所示。

图实 4-9 各地区、各产品、各销售员的销售量统计

图实 4-10 各地区销售量和销售额图

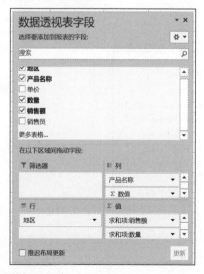

图实 4-11 创建数据透视表

　　创建好数据透视表，接下来对数据透视表进行美化。

　　选中创建的数据透视表中任一单元格，选择"数据透视表工具"的"设计"选项卡，单击"布局"组中的"总计"，在下拉列表中选择"对行和列禁用"命令，汇总的行和列不显示。如图实 4-12 所示。

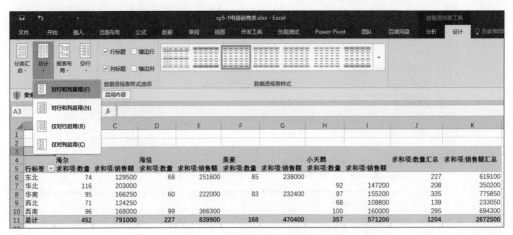

图实 4-12　隐藏数据透视表的总计

　　选中数据透视表中所有数据单元格，右击，在出现的菜单栏中选择"选择单元格格式"命令，在弹出的"设置单元格格式"对话框中，设置小数位数为 0，选择"使用千分位分隔符"复选框，如图实 4-13 所示。在"数据透视表工具"的"设计"选项卡的"数据透视表样式"组中选择"数据透视表样式中等深浅 16"。

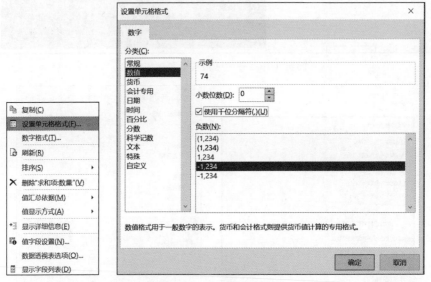

图实 4-13　设置单元格格式

　　② 数据透视表创建方法同①。选中任一数据透视表的单元格，选择菜单栏的"数据透视表工具"的"分析"选项卡的"筛选"组中的"插入切片器"，在弹出的对话框中选择"地区""产品名称""销售员"，如图实 4-14 所示。

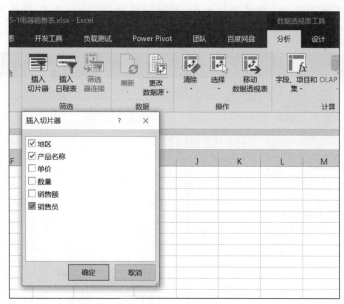

图实 4-14　插入切片器

　　选择任一切片器,单击"切片器工具"的选项卡的"切片器"组中的"报表连接",在弹出的对话框中,选择要连接的数据透视表,如图实 4-15 所示。剩余的两个切片器也进行相同设置。单击切片器上的字段可以看到 3 个数据透视表会根据筛选字段变化数据内容。

图实 4-15　报表连接

　　③ 数据透视表的创建方法同①,选中数据透视表中任一数据单元格,单击菜单栏"数据透视表工具"的"分析"选项卡中的"工具"组中的"数据透视图",在弹出的"插入图表"对话框中,选择组合。将"求和项:数量"的图表类型设置为"折线图",并勾选"次坐标轴"。将"求和项:销售额"的图表类型设置为"簇状柱形图",设置内容如图实 4-16 所示。

　　对数据透视图进行美化,隐藏字段按钮,设置图表标题,选择图表样式为"样式 6",改变图例显示位置。

图实 4-16　插入图表

数据分析高级应用

实验目的

掌握高级数据分析方法,包括模拟运算表、单变量求解、移动平均、指数平滑以及回归分析。

实验内容

(1) 打开"模拟运算.xlsx",在工作表"模拟运算表1"中,利用模拟运算表计算当美元汇率在 5.38~5.58(递增 0.02)变化时,年交易额的变化情况,如图实 5-1所示。

	A	B	C	D	E
1	**A产品交易情况试算表**				
2					年交易额(人民币)
3	CIF单价	$12.15			¥362,167.20
4	每次交易数量	150		5.38	¥352,981.80
5	每月交易次数	3		5.4	¥354,294.00
6	美元汇率	5.52		5.42	¥355,606.20
7				5.44	¥356,918.40
8	月交易数量	450		5.46	¥358,230.60
9	年交易数量	5,400		5.48	¥359,542.80
10	月交易额(人民币)	¥30,180.60		5.5	¥360,855.00
11	年交易额(人民币)	¥362,167.20		5.52	¥362,167.20
12				5.54	¥363,479.40
13				5.56	¥364,791.60
14				5.58	¥366,103.80

图实 5-1　模拟运算表 1

(2) 打开"模拟运算.xlsx",在工作表"模拟运算表2"中,利用模拟运算表计算当销售为 1200、1300、1400、1500 和 1600,单价在 40~55 元(递增 1 元)变化时,利润的变化情况,如图实 5-2 所示。

(3) 打开"模拟运算.xlsx",在工作表"单变量求解1"中,利用单变量求解计算方程 $x^5+2x^4+3x^3+6x-3=0$ 的一个解,填入单元格 B2 中。

(4) 打开"模拟运算.xlsx",在工作表"单变量求解2"中,利用单变量求解如果利润希望达到 15 000 元,销量应该达到多少,并将结果填入单元格 C6 中。

(5) 打开"气温预测.xlsx",根据表中北京历史月份的最高气温和最低气温,利用移动平均预测来年北京该月份的最高气温和最低气温,并输出图表。(间隔可选择 2、3、4 中的任意值。)

178

	A	B	C	D	E	F	G
1	电子产品双变量模拟运算						
2							
3	单价（元/每件）	49.00					
4	成本（元/每件）	31.00					
5	销量（件）	1,475.00		不同销量			
6	利润	26,550.00	1,200	1,300	1,400	1,500	1,600
7		40.00	10,800.00	11,700.00	12,600.00	13,500.00	14,400.00
8		41.00	12,000.00	13,000.00	14,000.00	15,000.00	16,000.00
9		42.00	13,200.00	14,300.00	15,400.00	16,500.00	17,600.00
10		43.00	14,400.00	15,600.00	16,800.00	18,000.00	19,200.00
11		44.00	15,600.00	16,900.00	18,200.00	19,500.00	20,800.00
12		45.00	16,800.00	18,200.00	19,600.00	21,000.00	22,400.00
13	不同	46.00	18,000.00	19,500.00	21,000.00	22,500.00	24,000.00
14	单价	47.00	19,200.00	20,800.00	22,400.00	24,000.00	25,600.00
15		48.00	20,400.00	22,100.00	23,800.00	25,500.00	27,200.00
16		49.00	21,600.00	23,400.00	25,200.00	27,000.00	28,800.00
17		50.00	22,800.00	24,700.00	26,600.00	28,500.00	30,400.00
18		51.00	24,000.00	26,000.00	28,000.00	30,000.00	32,000.00
19		52.00	25,200.00	27,300.00	29,400.00	31,500.00	33,600.00
20		53.00	26,400.00	28,600.00	30,800.00	33,000.00	35,200.00
21		54.00	27,600.00	29,900.00	32,200.00	34,500.00	36,800.00
22		55.00	28,800.00	31,200.00	33,600.00	36,000.00	38,400.00

图实 5-2　模拟运算表 2

（6）打开"天猫双十一成交额.xlsx"，利用互联网和搜索引擎工具，查找 2011 年到 2020 年天猫双十一成交额，填入工作表"指数平滑预测"对应的单元格中。利用指数平滑分析工具，对 2021 年天猫双十一成交额进行预测，将预测结果填入表中，如图实 5-3 所示。将该预测结果同 2021 年天猫双十一实际成交额进行对比。

	A	B	C	D	E	F	G
1	年份	成交额（亿元）	一次指数平滑	二次指数平滑		a	4497.224
2	2011	33.6	33.6	33.6		b	904.9379
3	2012	191	112.3	72.95			
4	2013	352	232.15	152.55			
5	2014	571	401.575	277.0625			
6	2015	912	656.7875	466.925			
7	2016	1207	931.89375	699.409375			
8	2017	1682.69	1307.291875	1003.350625			
9	2018	2135	1721.145938	1362.248281			
10	2019	2684	2202.572969	1782.410625			
11	2020	4982	3592.286484	2687.348555			
12	2021	5402					

图实 5-3　指数平滑预测

操作提示：

① 观察成交额变化，呈明显的上升趋势，使用二次指数平滑。

② 根据成交额数据生成一次指数平滑值，再根据一次指数平滑值生成二次指数平滑值，设置阻尼系数为 0.5（即平滑系数 0.5）。

③ 根据得到的指数平滑值，计算二次指数平滑模型参数 a 和 b，并根据预测公式求解预测值（a、b 和预测值求解使用 Excel 公式计算）。

（7）打开"天猫双十一成交额.xlsx"，将实验内容 6 中查找到的 2011 年到 2020 年天猫双十一成交额复制到工作表"回归分析预测"中。利用回归分析工具，对 2021 年天猫双十一成交额进行预测，将预测结果填入表中，如图实 5-4 所示，将该预测结果同实验内容 6 中利用指数平滑工具的预测结果进行对比，看一看哪种预测方法更准确，并解释原因。

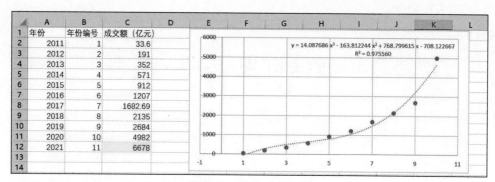

	A	B	C	D
1	年份	年份编号	成交额（亿元）	
2	2011	1	33.6	
3	2012	2	191	
4	2013	3	352	
5	2014	4	571	
6	2015	5	912	
7	2016	6	1207	
8	2017	7	1682.69	
9	2018	8	2135	
10	2019	9	2684	
11	2020	10	4982	
12	2021	11	6678	
13				
14				

$$y = 14.087686 x^3 - 163.812244 x^2 + 768.799615 x - 708.122667$$
$$R^2 = 0.975560$$

图实 5-4　回归分析预测

操作提示：

① 为了便于计算，在年份列后添加新列"年份编号"绘制年份编号与成交额散点图。

② 为散点图添加趋势线，即生成回归方程（回归模型）：根据 R 平方值调整趋势线类型，使 R 平方值尽可能大。为了使预测值更准确，可以调整回归方程参数的小数位数，方法如下：右击回归方程，选择"设置趋势线标签格式"，类别为数字，设置小数位数（样张中小数位数为 6 位）。

③ 根据得到的回归方程，使用 Excel 公式求解预测值。

数据可视化——图表

实验目的

使用 Excel 进行数据可视化,通过案例和实验掌握 Excel 基本图表和动态图表的制作和灵活使用方法。

实验内容

(1) 打开"sy6-1 项目计划表.xlsx"文件,创建如图实 6-1 所示的甘特图,可视化某同学制定的数据分析项目进度表。甘特图是非常好用的项目进度管理图表,时间与进度在表上用堆积图表现出来,非常一目了然。

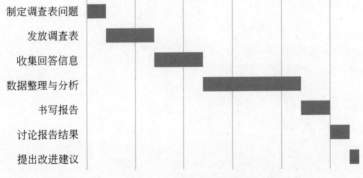

图实 6-1   项目计划甘特图

① 打开素材文件,选中开始日期这列数据,右击选择"设置单元格格式"命令将其单元格格式设置为常规。

② 选中全部数据,单击"插入"选项卡中的"图表"组右下角的对话框启动器,在弹出的对话框中选择"所有图表"选项卡,在左侧的"图表类型"列表中选择"条形图/堆积条形图",单击"确定"按钮,生成条形图。

③ 双击纵坐标轴,在右侧的"设置坐标格式"的坐标轴选项中勾选"逆序类别"复选框。

④ 选中"开始日期"系列,在右侧的"设置序列格式"选项卡中将"填充"设置为"无填充"。

⑤ 双击上侧的横坐标轴,在右侧的"设置坐标轴格式"选项卡中单击"坐标轴选项",将边界最小值设为开始日期"44314,最大值为结束日期"44342",结束日期为最后一个人物的开始日期 44341+1(持续天数)=44342。

⑥ 选中开始日期这列数据,右击选择"设置单元格格式"命令将其单元格格式从"常规"改回"日期"。

⑦ 选中图表数据,在右侧的"设置数据系列格式"选项卡中单击"系列选项",将分类间距设置为"70%"。

(2) 打开"sy6-2 人气指数排行榜.xlsx"文件,创建如图实 6-2 所示的滑珠图,以此来可视化人气指数排行榜。

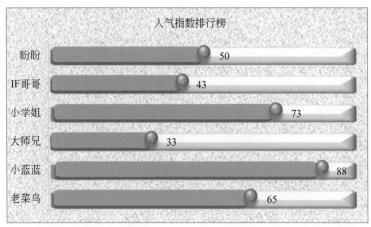

图实 6-2　人气指数排行榜

在做项目间的百分比对比时,可以采用滑珠图,即数据填充标记像在滑杆上根据数值大小进行滑动那样,可以进行数据对比。

① 生成滑珠图需要采用条形图+散点图的方式进行,因此需要添加辅助列,如图实 6-3 所示。其中,Bar 这一列是形成滑珠图的滑轨,因此填充值为 100,Y 这一列是作为散点图的 Y 轴数据,用于形成滑珠,数据从 0.5 开始间隔 1 增加的原因是条形图宽度一般会占据 50% 的宽度,从 0.5 开始间隔 1 做散点图的 Y 轴能正好保证散点落在滑轨上。

	A	B	C	D
1	姓名	人气指数	Bar	Y
2	老菜鸟	65	100	0.5
3	小蓝蓝	88	100	1.5
4	大师兄	33	100	2.5
5	小学姐	73	100	3.5
6	IF哥哥	43	100	4.5
7	盼盼	50	100	5.5

图实 6-3　添加辅助列

② 选中全部数据,单击"插入"选项卡中的"图表"组右下角的对话框启动器,在弹出的对话框中选择"所有图表"选项卡,在左侧的"图表类型"列表中选择"簇状条形图"。在生成的图表上,右击后选择"更改系列图表类型"命令,将"Y"的图表类型改为"散点图",单击"确定"按钮,生成图实 6-4。

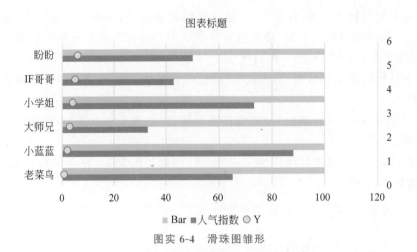

图实 6-4　滑珠图雏形

③ 在生成的图表上,右击后选择"选择数据"命令,在"图例项(系列)"栏中,将"人气指数"图例项下移到 Bar 图例项下面。选择 Y 图例项,单击"编辑"按钮,在弹出的对话框中,将 X 轴系列值改为"人气指数"这列数据。操作如图实 6-5 所示。

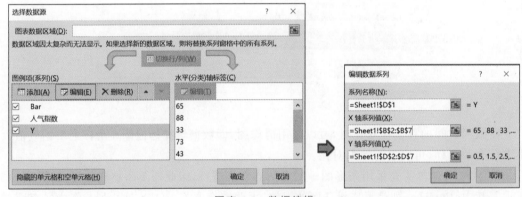

图实 6-5　数据编辑

④ 在生成的图表上,选择任一系列右击后选择"设置数据系列格式"命令,将"系列重叠"设为"100％",分类间距设为"40％"。

⑤ 对滑珠图进行美化。更改横坐标的最大值,将最大值设为 100,删除次坐标,删除网格线,删除图例,更改图表标题,添加数据标签,设置图表背景。利用提供的素材分别作为滑珠的前景、背景和滑珠。选择白色矩形形状后复制,再选中图表的 Bar 系列粘贴,另外两个形状也进行同样的操作。

（3）最强大脑第二季开播,第二轮比赛里面有 A,B 项目,每个项目考验选手的能力不一样,其中,A 挑战龟文骨迹的能力分布图如图实 6-6 所示。

打开"sy6-3 个人能力测评表.xlsx"文件,绘制如图实 6-7 所示的雷达图。

① 为了显示如图实 6-7 所示的标签数据,增加辅助列,输入公式"＝A2&CHAR(10) &"["&C2&"分]"",打开自动换行,如图实 6-8 所示。

② 选择 B2:C7 单元格,单击"插入"选项卡中的"图表"组中的"插入曲面图或雷达图",选择"填充雷达图"。

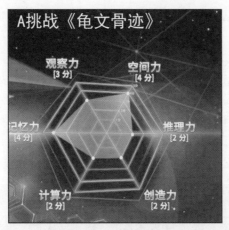

图实 6-6　能力分布图

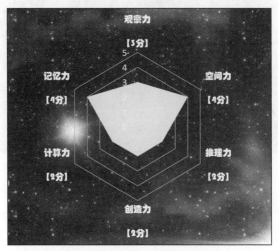

图实 6-7　能力分布雷达图

	A	B	C
1	能力	辅助列	分值
2	观察力	观察力【3分】	3
3	空间力	空间力【4分】	4
4	推理力	推理力【2分】	2
5	创造力	创造力【2分】	2
6	计算力	计算力【2分】	2
7	记忆力	记忆力【4分】	4

图实 6-8　添加辅助列

184

③ 选择坐标轴将边界最小值改为 0,最大值改为 5,主要单位改为 1,将字体颜色调整为黄色,大小为 16。

④ 对雷达图进行美化,选择系列选项,选择标记,将填充改为纯色填充,颜色设为"灰色25%,背景 2"。右击图表,选择"设置图表区格式"命令,将填充改为"图片或纹理填充",图片选择素材 background.jpeg。边框设置为无线条。选中主要网格线,右击选择"设置主要网格线格式"命令,将颜色设置为"浅蓝"。选中标签,设置分类标签格式,将颜色设为"白色",字体为"华文琥珀",大小为 14。

(4) 打开素材"sy6-4 公司年度费用统计表.xlsx",绘制如图实 6-9 所示的复合饼图。

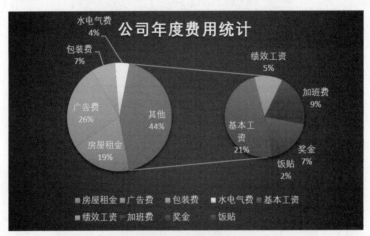

图实 6-9　复合饼图

操作提示:

选择 B3:C11 单元格,插入"复合饼图",添加数据标签。单击数据标签。设置数据标签格式的"标签选项",选择"类别名称"和"百分比"。单击"图表工具"选项卡的"格式"组的"系列金额"的"设置所选内容格式",在右侧的"设置数据系列格式"对话框中,将"第二绘图区中的值"设置为"5",因为人工费用包含 5 个小分类。添加标题,选择合适的图表样式。

(5) 打开素材"sy6-5 员工 1-6 月销售统计表.xlsx",绘制如图实 6-10 所示的动态图表。

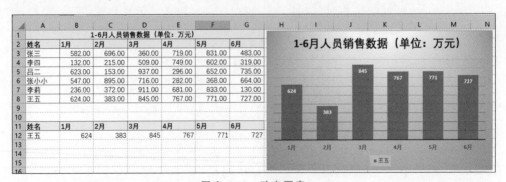

图实 6-10　动态图表

① 建立动态图表的数据区。

● 为了设置控制单元格,首先选择 A12 单元格,在"数据"选项卡的"数据工具"组中,单击"数据验证"按钮,打开"数据验证"对话框。在"允许"下拉框中选择"序列";在"来源"文本框中输入"=$A$3:$A$8",单击"确定"按钮。通过 A12 单元格的下拉列表，选择姓名，如"王五"，如图实 6-11 所示。

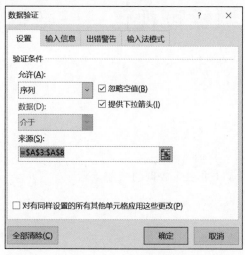

图实 6-11　数据验证

- 为了设置动态数据区域，在 B12 单元格中输入如下公式"=VLOOKUP($A$12，$A$3:$G$8,COLUMN(),FALSE)"并填充至 G13 单元格。A11:G12 单元格区域为动态数据区域，通过 A13 单元格的下拉列表框选择不同的数据，观察动态数据。

② 基于动态数据区域创建图表。基于冬天数据区域建立动态图表，图表反映基于当前控制单元格的值所对应类别的数据。选择 A11:G12 数据区域，然后打开"插入"选项卡，选择"柱形图"的子类型"簇状柱形图"，图表样式为"样式 5"，修改图表标题，在底部添加图例。

数据可视化——数据看板

实验目的

掌握使用 Excel 可视化数据的一般步骤。

实验内容

人工成本一直以来都是企业的核心成本。人力资源效能就是人力资源管理活动所达成预期结果或影响的程度。素材提供了关于测量人力资源效能的相关数据,根据这些数据,自由选取相关数据,分析制作人力资源效能看板。

数据分别有以下四部分。

(1)员工数量统计,一期为月单位。

(2)人力资源流动相关数据:新进率,离职率,流动率。

(3)应聘者数据:计划招聘人数,实际应聘人数,应聘者比率,同批雇员初始人数,留存人数和对应比率。

(4)在职人员相关数据:部门分布,职位变更频率,相关培训数据,薪酬和绩效数据。

对于人力资源结构分析可以包括以下几方面。

(1)人力资源数量分析。

(2)人员类别的分析。

(3)人员流动的分析。

(4)工作人员的素质。

打开"sy7-1 人力资源效能表.xlsx"文件,选择"源数据"工作表,提供例子如图实 7-1 供参考。

(1)对数据进行梳理,将最重要的指标以数字的形式放在看板的第一行的位置。

(2)数据计算利用公式实现。

(3)第二行图表分析员工部门分布和数量统计。

(4)第三行图表主要分析人力资源的流动情况和人员职位的变更情况。

(5)第四行图表只要分析薪酬和绩效。

(6)整个看板采用统一的颜色,选取了折线图、簇状柱形图、雷达图、树图、面积图。

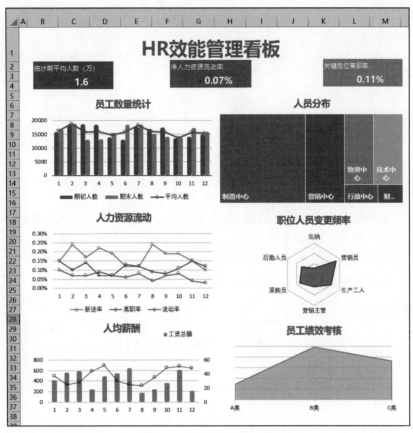

图实 7-1　HR 效能管理看板

数据库、数据表基本操作与数据管理

实验目的

(1) 认识创建数据库的用法,在 MySQL 中使用 Workbench 执行 SQL 语句。

(2) 掌握创建表、更改表结构、删除表等 SQL 语句的使用方法。

(3) 能在实际数据库环境中对数据进行插入、更新和删除操作

(4) 掌握插入、更新和删除数据的 SQL 语句的使用方法。

实验内容

(1) 在 MySQL Workbench 中,使用 CREATE DATABASE 语句创建一个 college_test 数据库。

(2) 在(1)创建的数据库中,创建 student 数据表,表结构如表 8-1 所示。

表 8-1　student 表结构

列	数据类型	说　明	主　键
ID	char(4)	学号,不为空	主键
name	char(20)	姓名,不为空	
sex	char(2)	性别,不为空	
birthday	date	出生日期	
contact1	char(12)	联系方式 1	
contact2	char(12)	联系方式 2	
marry	char(4)	婚否,默认值为"否"	
institute	char(20)	所属院系	

(3) 为(2)创建的 student 表增加新字段：政治面貌 political,该字段的类型为字符型,长度为 10。

(4) 从 student 表中删除字段政治面貌 political。

(5) 向数据表 student 中添加如表 8-2 所示的学生信息。

(6) 在 student 表中,将名叫"张三"的学生的联系方式 1 更改为"010-81234567"。

(7) 在 student 表中,将所有计科系学生的所属院系值更改为"计算机学院",联系方式 2 改为"0471-6122345"。

表 8-2 学生信息

学号	姓名	性别	出生日期	联系方式 1	联系方式 2	婚否	所属院系
0001	张三	男	2000-02-16	0471-659999	1391232345	否	物理系
0002	孔乙己	男	1995-05-29				中文系
0003	李艳	女	1998-04-21	1374444444	1375555555		外语系
0004	王丽	女	1999-10-06	1382222222			计科系
0005	吴刚	男	1996-06-04	1381111111		已婚	计科系

（8）将 student 表中删除所有联系方式 2 为 NULL 的记录。

（9）删除 student 表。

数 据 查 询

实验 9

实验目的

(1) 认识数据查询的用法。

(2) 掌握条件查询的使用方法。

(3) 掌握聚合函数与分组数据的使用方法。

(4) 掌握多表连接查询的使用方法。

(5) 能在实际数据库环境中灵活使用查询语句进行数据分析。

实验内容

本节使用 College 数据库的 student、course 和 score 数据表。表结构如表 9-1～表 9-3 所示。

表 9-1　student 数据表结构

列	数据类型	说　　明	是否主键
ID	char(4)	学号,不为空	是
name	char(20)	姓名,不为空	
sex	char(2)	性别,不为空	
birthday	date	出生日期	
origin	Varchar(50)	来源地	
contact1	char(12)	联系方式 1	
contact2	char(12)	联系方式 2	
institute	char(20)	所属院系	

表 9-2　course 数据表结构

列	数据类型	说　　明	是否主键
ID	char(3)	课号,不为空	是
course	char(30)	课名,不为空	
type	char(10)	类型,不为空	
credit	integer	学分,不为空	

表 9-3　score 数据表结构

列	数据类型	说　　明	是否主键
s_id	char(4)	学号	是
c_id	char(3)	课号	是
result1	decimal(9,2)	考试成绩	
Result2	decimal(9,2)	平时成绩	

（1）从 student 表中，查询来自内蒙古自治区的所有学生信息，查询结果如图实 9-1 所示。

图实 9-1　查询结果

（2）从 score 表中，查询总成绩大于或等于 93 的学生学号和这门课的课号。计算总成绩的公式为：总成绩＝result1 * 0.7＋result2 * 0.3，查询结果如图实 9-2 所示。

图实 9-2　查询结果

（3）从 student 表中查询 1999 年 1 月 1 日之后出生的学生姓名、联系方式和所属院系，查询结果如图实 9-3 所示。

图实 9-3　查询结果

（4）从 student 表中查询联系方式 2 字段 contact2 为空的所有学生的信息，查询结果如图实 9-4 所示。

（5）从 student 表中查询 1997 年 1 月 1 日～1999 年 1 月 1 日出生的学生姓名、出生日期和所属院系，查询结果如图实 9-5 所示。

（6）从 student 表中，查询联系方式 2 字段 contact2 不为空的学生学号、姓名、所有联系方式和所属院系，并且按学号升序进行排序，查询结果如图实 9-6 所示。

ID	name	sex	birthday	origin	contact1	contact2	institute
0002	李燕	女	1999-01-18 00:00:00	浙江省	13744444444	NULL	外语系
0005	刘八	女	1999-08-21 00:00:00	海南省	15388888888	NULL	中文系
0007	马六	男	1998-07-12 00:00:00	浙江省	13766666666	NULL	外语系
0009	吴刚	男	1996-09-11 00:00:00	内蒙古自治区	13811111111	NULL	外语系
0011	周三丰	男	1999-12-20 00:00:00	NULL	NULL	NULL	NULL
0012	三宝	男	1998-05-15 00:00:00	NULL	NULL	NULL	NULL
0015	孔乙己	男	1995-05-29 00:00:00	NULL	NULL	NULL	中文系
0016	鲁十八	男	1997-07-07 00:00:00	NULL	NULL	NULL	中文系
0018	宋十七	女	1997-11-20 00:00:00	NULL	NULL	NULL	NULL
3002	春晓	女	1998-12-03 00:00:00	内蒙古	15847148875	NULL	NULL

图实 9-4　查询结果

姓名	出生日期	所属院系
张三	1997-05-29 00:00:00	中文系
王丽	1998-09-01 00:00:00	物理系
周七	1997-09-21 00:00:00	计算机学院
吴学霞	1998-02-12 00:00:00	中文系
马六	1998-07-12 00:00:00	外语系
杨九	1998-02-17 00:00:00	计算机学院
三宝	1998-05-15 00:00:00	NULL
塔赛努	1997-09-15 00:00:00	计算机学院
鲁十八	1997-07-07 00:00:00	中文系
宋十七	1997-11-20 00:00:00	NULL
春晓	1998-12-03 00:00:00	NULL
王明	1998-05-26 00:00:00	计算机学院

图实 9-5　查询结果

学号	姓名	联系方式1	联系方式2	所属院系
0001	张三	010-81234567	1381234568	中文系
0003	王丽	13700000000	13711111111	物理系
0004	周七	13877777777	0471-6123456	计算机学院
0006	吴学霞	13822222222	13822222222	中文系
0008	杨九	137999999999	0471-6123456	计算机学院
0010	徐学	13800000000	0471-6123456	计算机学院
0013	塔赛努	NULL	0471-6123456	计算机学院
0014	呼和嘎拉	0471-6599999	010-88888888	物理系
0017	蒋十九	NULL	0471-6123456	计算机学院
3001	张雷	13847103654	04796527589	计算机学院
4001	王明	13222553654	0123457852	计算机学院

图实 9-6　查询结果

（7）从 student 表中查询计算机学院的所有女生，并将结果按学号升序排序，查询结果如图实 9-7 所示。

ID	name	sex	birthday	origin	contact1	contact2	institute
0004	周七	女	1997-09-21 00:00:00	北京市	13877777777	0471-6123456	计算机学院
0010	徐学	女	2000-01-08 00:00:00	内蒙古自治区	13800000000	0471-6123456	计算机学院
0017	蒋十九	女	1999-05-29 00:00:00	山东省	NULL	0471-6123456	计算机学院
NULL	NULL	NULL	NULL	NULL	NULL	NULL	NULL

图实 9-7　查询结果

（8）从 student 表中查询 1997 年出生的所有女生，并将结果按出生日期降序排列，查询结果如图实 9-8 所示。

ID	name	sex	birthday	origin	contact1	contact2	institute
0018	宋十七	女	1997-11-20 00:00:00	NULL	NULL	NULL	NULL
0004	周七	女	1997-09-21 00:00:00	北京市	13877777777	0471-6123456	计算机学院
NULL	NULL	NULL	NULL	NULL	NULL	NULL	NULL

图实 9-8　查询结果

（9）从 student 表中查询中文系和外语系的所有男生，查询结果如图实 9-9 所示。

ID	name	sex	birthday	origin	contact1	contact2	institute
0001	张三	男	1997-05-29 00:00:00	广东省	010-81234567	1381234568	中文系
0007	马六	男	1998-07-12 00:00:00	浙江省	13766666666	NULL	外语系
0009	吴刚	男	1996-09-11 00:00:00	内蒙古自治区	13811111111	NULL	外语系
0015	孔乙己	男	1995-05-29 00:00:00	NULL	NULL	NULL	中文系
0016	鲁十八	男	1997-07-07 00:00:00	NULL	NULL	NULL	中文系
NULL	NULL	NULL	NULL	NULL	NULL	NULL	NULL

图实 9-9　查询结果

（10）从 student 表中查询除中文系、外语系和计算机学院以外其他系的学生学号和姓名，查询结果如图实 9-10 所示。

（11）从 student 表中查询所有姓名中包含"三"字的学生学号、姓名和院系，查询结果如图实 9-11 所示。

学号	姓名
0003	王丽
0014	呼和嘎拉

图实 9-10　查询结果

学号	姓名	院系
0001	张三	中文系
0011	周三丰	NULL
0012	三宝	NULL

图实 9-11　查询结果

（12）统计 student 表中计算机学院学生的人数，查询结果如图实 9-12 所示。

计算机学院学生人数
7

图实 9-12　查询结果

（13）在 course 表中，求课程类型为"必修"的课程的学分总和，查询结果如图实 9-13 所示。

必修课的学分总和
24

图实 9-13　查询结果

（14）在 score 表中，求课程 ID 为"004"的课程的考试成绩的平均分、最高分和最低分，查询结果如图实 9-14 所示。

图实 9-14　查询结果

（15）统计 student 表中男生的总人数和女生的总人数，查询结果如图实 9-15 所示。

性别	人数
男	12
女	9

图实 9-15　查询结果

（16）统计 student 表中每个院系的男生人数，查询结果如图实 9-16 所示。

所属院系	男生人数
中文系	3
外语系	2
计算机学院	4
NULL	2
物理系	1

图实 9-16　查询结果

（17）统计查询 course 表中必修课的学分总和与选修课的学分总和，查询结果如图实 9-17 所示。

类型	学分总和
必修	24
选修	6

图实 9-17　查询结果

（18）在 student 表中，统计每个院系的学生人数，并按学生人数降序排序，查询结果如图实 9-18 所示。

所属院系	人数
计算机学院	7
中文系	5
NULL	4
外语系	3
物理系	2

图实 9-18　查询结果

（19）统计 score 表中考试总成绩大于 450 分的学生的学号和总成绩，并按总成绩降序排序，查询结果如图实 9-19 所示。

（20）查询名叫"张三"的学生的所有课程的平时成绩和考试成绩，并按考试成绩和平时成绩降序排序，查询结果如图实 9-20 所示。

图实 9-19　查询结果

学号	姓名	课名	平时成绩	考试成绩
0001	张三	大学英语一	95.00	90.00
0001	张三	邓小平理论	90.00	87.00
0001	张三	计算机基础	90.00	84.00
0001	张三	教育学	92.00	81.00
0001	张三	心理学	95.00	73.00

图实 9-20　查询结果

（21）查询"计算机基础"课程考试成绩大于或等于 90 分的学生的学号、姓名、所属院系和考试成绩，并按考试成绩降序排序，查询结果如图实 9-21 所示。

学号	姓名	所属院系	考试成绩
0005	刘八	中文系	95.00
0010	徐学	计算机学院	95.00
0002	李燕	外语系	90.00
0007	马六	外语系	90.00

图实 9-21　查询结果

（22）统计没有考过任何考试的学生学号和姓名，查询结果如图实 9-22 所示。

学号	姓名
0009	吴刚
0011	周三丰
0012	三宝
0013	塔赛努
0014	呼和嘎拉
0015	孔乙己
0016	鲁十八
0017	蒋十九
0018	宋十七
3001	张雷
3002	春晓

图实 9-22　查询结果

图书资源支持

感谢您一直以来对清华版图书的支持和爱护。为了配合本书的使用，本书提供配套的资源，有需求的读者请扫描下方的"书圈"微信公众号二维码，在图书专区下载，也可以拨打电话或发送电子邮件咨询。

如果您在使用本书的过程中遇到了什么问题，或者有相关图书出版计划，也请您发邮件告诉我们，以便我们更好地为您服务。

我们的联系方式：

地　　址：北京市海淀区双清路学研大厦 A 座 714

邮　　编：100084

电　　话：010-83470236　　010-83470237

客服邮箱：2301891038@qq.com

QQ：2301891038（请写明您的单位和姓名）

资源下载：关注公众号"书圈"下载配套资源。

资源下载、样书申请　　　　图书案例

书圈

清华计算机学堂

观看课程直播